中医药类课程思政教学案例丛书

药用植物学

主编 吴廷娟 谢小龙

郑州大学出版社

图书在版编目(CIP)数据

药用植物学 / 吴廷娟,谢小龙主编. -- 郑州：郑州大学出版社,2024.11. --（中医药类课程思政教学案例丛书）. -- ISBN 978-7-5773-0725-1

Ⅰ.Q949.95

中国国家版本馆 CIP 数据核字第 2024QR8267 号

药用植物学
YAOYONG ZHIWUXUE

项目负责人	孙保营　杨雪冰	封面设计	苏永生
策划编辑	陈文静	版式设计	苏永生
责任编辑	张若冰	责任监制	朱亚君
责任校对	陈思		

出版发行	郑州大学出版社	地　　址	郑州市大学路40号(450052)
出版人	卢纪富	网　　址	http://www.zzup.cn
经　销	全国新华书店	发行电话	0371-66966070
印　刷	辉县市伟业印务有限公司		
开　本	787 mm×1 092 mm　1 / 16		
印　张	9.25	字　　数	216 千字
版　次	2024 年 11 月第 1 版	印　　次	2024 年 11 月第 1 次印刷
书　号	ISBN 978-7-5773-0725-1	定　　价	33.00 元

本书如有印装质量问题,请与本社联系调换。

主编简介

吴廷娟,女,理学博士,副教授。主要从事中药材种植技术、地黄连作障碍方面的研究。已从事药用植物学、植物生理生态学等课程的理论、实验、实习教学工作10余年。参编《药用植物学》《药用植物保护学》《药用植物生态学》《中药资源与栽培》等教材和专著10余部,发表相关教学研究论文20余篇。

谢小龙,男,副教授,硕士研究生导师。主要从事药用植物学和中药资源学的本科生及研究生教学及科研工作。开展中药材规范化种植研究,重点对河南省道地、大宗药材开展规范化栽培技术、品种选育、良种繁育及种子种苗标准等方面进行研究。主持完成河南省高等学校重点科研项目1项、河南省"科普及适用技术传播工程"项目2项;培育地黄新品种4个,发表科研论文13篇、教学论文5篇,参与编写教材3部、专著3部,主持完成的"怀地黄栽培技术"获评首批国家虚拟仿真实验教学项目和国家一流本科课程。

编审委员会

主任委员 李小芳　王耀献

副主任委员 彭　新　禄保平

委　　员（以姓氏笔画为序）

马巧琳　王上增　王金淼　王锁刚

车志英　李　凯　李永菊　李青雅

吴廷娟　张　建　陈随清　崔姗姗

韩佳瑞　谢忠礼　霍　磊

作者名单

主　　编　吴廷娟　谢小龙
副 主 编　罗晓铮　董诚明　纪宝玉
编　　委（以姓氏笔画为序）
　　　　　　兰金旭（河南中医药大学）
　　　　　　司彦坡（河南中医药大学）
　　　　　　朱昀昊（河南中医药大学）
　　　　　　刘湘丹（湖南中医药大学）
　　　　　　纪宝玉（河南中医药大学）
　　　　　　李昌勤（河南大学）
　　　　　　吴廷娟（河南中医药大学）
　　　　　　罗晓铮（河南中医药大学）
　　　　　　练从龙（河南中医药大学）
　　　　　　董诚明（河南中医药大学）
　　　　　　谢小龙（河南中医药大学）
　　　　　　魏文君（河南中医药大学）
　　　　　　魏俊杰（河南农业大学）

总 序

党的十八大以来,习近平总书记先后主持召开全国高校思想政治工作会议、全国教育大会、学校思想政治理论课教师座谈会等重要会议,作出一系列重要指示,强调要加强高校思想政治教育。2020年5月,教育部印发了《高等学校课程思政建设指导纲要》,指出"深入挖掘课程思政元素,有机融入课程教学,达到润物无声的育人效果"。"必须抓好课程思政建设,解决好专业教育和思政教育'两张皮'问题。"由此开启了高校课程思政教学改革的新局面。为全面推进课程思政建设,制定了《河南中医药大学全面推进课程思政建设工作方案》,并推出了多项课程思政教学改革举措,教师开展课程思政建设的意识和能力得到提升,但仍存在专业教育与思政教育融入难的问题,为此,河南中医药大学组织编写了本套"中医药类课程思政教学案例丛书(第一批)",以期符合提高人才培养质量的需要。

本套案例丛书由《中医基础理论》《中医诊断学》《内经选读》《温病学》《中药炮制学》《药用植物学》《中药鉴定学》《中医外科学》《中医儿科学》《中医内科学》《中医骨伤科学》《各家针灸学说》12门中医药课程组成,每门课程按照导论、课程思政教学案例及附录等板块编写。其中导论由课程简介、思政元素解读、课程思政矩阵图等内容组成;课程思政教学案例由教学目标、相关知识板块的思政元素分析、教学案例等内容组成;附录由课程思政教学改革经验做法、相关研究成果等内容组成。"中医药类课程思政教学案例丛书(第一批)"教材建设,坚持目标导向、问题导向、效果导向,立足于解决培养什么人、怎样培养人、为谁培养人这一根本问题,构建全员全程全方位育人大格局,既形成"惊涛拍岸"的声势,也产生"润物无声"的效果,本套案例丛书反映了河南中医药大学对课程思政教学改革的认识、实践与思考,并力争突出以下特色:

1. 坚持立德树人,提高培养质量

以习近平新时代中国特色社会主义思想为指导,落实立德树人根本任务,思想政治教育贯穿本套案例丛书,以实现知识传授、能力培养与价值引领的有机统一,着力培养具有理想信念、责任担当、创新精神、扎实学识、实践能力且身心健康的高素质人才。

2. 锐意改革创新,紧贴课堂需要

相较于案例和思政反映点模式,本套案例丛书从全局视角深入挖掘中医药专业知识蕴含的思政元素,并构建课程思政矩阵图,通过一级维度和二级指标充分结合,梳理专业知识、思政元素和教学案例之间的逻辑关系,增强课堂教学育人效果,逐步解决课程思政过程中存在"表面化""硬融入""两张皮"现象。

3. 强化精品意识,建设标杆教材

由学校主管领导、权威专家等组成中医药类课程思政教学案例丛书编审委员会,要求全体编委会成员提高政治站位,深刻理解开展课程思政的重大意义,从"为党育人、为国育才"的高度实施课程思政,强化责任担当,编写标杆教材。为保证编写质量,学校吸纳校内外教学经验丰富、理论扎实、治学严谨、作风优良的一线专业课教师与思政课教师组成编写委员会。

本套案例丛书是河南中医药大学课程思政工作体系的重要组成部分,希望通过分享经验和做法能为大家提供借鉴,努力开创课程思政育人新局面。课程思政不仅是教师职责所在,更关系到国家的长治久安,任重而道远,编审委员会期待与全体教师并肩前行,为培养合格的中医药人才尽一份力。

在此感谢一线教师在课堂教学过程中对"课程思政"的探索与创新,感谢学校领导、编委会成员、出版社在书稿编写过程中给予的大力支持与配合。由于创新较难、经验不足、可借鉴的研究成果不多等原因,本套教材难免有不足之处,还需要在教学实践中不断总结与提高,敬请同行专家提出宝贵经验,以便再版时修订提高。

编审委员会

2024 年 10 月

前言

2020年教育部印发《高等学校课程思政建设指导纲要》，要求把思想政治教育贯穿人才培养体系，全面推进高校课程思政建设，发挥好每门课程的育人作用，提高高校人才培养质量。药用植物学作为中药学类专业相关的专业基础课，在知识传授和能力培养的基础上，彰显思政引领价值，充分发挥课程在教书育人、价值塑造方面的重要作用，落实立德树人的根本任务。

本书收集、整理、整合了多所院校一线药用植物学教师在教学过程中的优秀思政教学案例58个，按照与使用教材章节对应的原则进行编写或整合，共分为十一章。首先为导论，主要介绍药用植物学这门课程的基本特点、内容、教学目标、蕴含的思政元素。第一章至第十一章分别从绪论、植物细胞、植物组织、植物器官（包含根、茎、叶、花、果实、种子）、植物分类、药用植物野外实习等专业知识出发，充分挖掘各知识点蕴含的思政元素，并以案例的形式呈现。案例包括各专业知识点蕴含的思政元素、教学设计与实施过程、教学效果、教师反思和学生反馈等方面，有助于提升专业教师的教书育人能力。编写过程中坚持"以学生为中心，以问题为导向"的原则，坚定学生理想信念，以爱党、爱国、爱社会主义、爱人民、爱集体为主线，围绕政治认同、家国情怀、科学精神、文化素养、宪法法治意识、道德修养等内容，进行思政元素挖掘，优化课程思政内容。

本书将思政元素与专业知识点进行有机融合，教学设计合理，实施过程详细，针对性强，实操性好，可供高校教师、教学研究人员、大中专学生阅读使用。由于书的结构框架、体系编排及具体内容表述上还存在不够成熟和完善的地方，同时，受编者的认知水平及编写经验的限制，难免存在不足与疏漏之处。在此，热忱地希望各位同行和使用书的师生提出宝贵意见和建议。

编者
2024年5月

目 录

导论 ··· 001
第一章 绪论 ·· 007
    案例一 同名异物、同物异名——政治认同 ·· 008
    案例二 药用植物学的研究任务——传承精华、守正创新 ································· 010
    案例三 药用植物学发展简史——科学实证精神 ··· 012
    案例四 中药资源开发——社会责任、探索精神 ··· 014
第二章 植物细胞 ·· 017
    案例一 细胞发现到细胞学说——科学探索精神 ··· 018
    案例二 细胞的组成——科学实践精神 ··· 020
    案例三 细胞的结构——团队协作 ·· 021
第三章 植物组织 ·· 024
    案例一 纤维——团结协作、节约用纸 ··· 025
    案例二 乳汁管——爱国主义、珍爱生命 ··· 027
    案例三 植物的组织——爱岗敬业、团结协作 ·· 029
第四章 植物器官——根 ··· 031
    案例一 根的生理功能——中医药思维 ··· 032
    案例二 根系——扎根向下、虚心向上 ··· 034
    案例三 根的变态——顺境而生、关爱他人 ·· 035
第五章 植物器官——茎 ··· 038
    案例一 茎的形成与组成——为人处事 ··· 039
    案例二 攀援茎——顺势而为 ··· 040
    案例三 多年生草本植物——拼搏精神 ··· 042

第六章　植物器官——叶 ... 044
案例一　叶色——拼搏精神 ... 045
案例二　叶的变态——顺境而生、学无止境 ... 047
案例三　叶镶嵌——团结协作、为人处事 ... 049
案例四　落叶——无私奉献 ... 051
案例五　叶的形态——辩证统一的哲学观 ... 052

第七章　植物器官——花 ... 054
案例一　植物开花——探索精神、服务生产 ... 055
案例二　花托——顺境而生 ... 057
案例三　雌蕊的组成与形态——专业自信、服务生产 ... 058
案例四　花冠的类型——探索精神、服务生产 ... 060
案例五　花的组成——团结协作 ... 062

第八章　植物器官——果实 ... 065
案例一　果实的类型——创新精神 ... 066
案例二　无籽果实——探索精神、创新精神 ... 068
案例三　隐头花序——实而不华 ... 069
案例四　果皮的结构特征——协作共赢 ... 071

第九章　植物器官——种子 ... 074
案例一　种子的形态结构——探索精神、拼搏精神 ... 075
案例二　种子休眠——把握时机，逆境而生 ... 077
案例三　种子——探索精神、三农情怀 ... 079
案例四　种子的组成——科学探索精神 ... 081
案例五　子叶——奉献精神 ... 083

第十章　植物分类 ... 085
案例一　植物分类学——家国情怀和工匠精神 ... 087
案例二　药用植物命名——科学探索精神 ... 089
案例三　药用植物分类方法——多学科融合、传承与创新 ... 091
案例四　蓝藻门——生态保护 ... 093
案例五　褐藻门——爱国情怀、科学精神 ... 095
案例六　冬虫夏草——生态保护、诚实守信、探索精神 ... 097
案例七　地衣——团结协作 ... 099

案例八　苔藓——奋斗、自信的人生价值观 ························· 101
  案例九　蕨类植物分类系统——探索精神、家国情怀 ················· 103
  案例十　卷柏——坚韧不拔 ······································· 105
  案例十一　松科——拼搏精神 ····································· 106
  案例十二　木兰科——文化传承、中医药思维 ······················· 108
  案例十三　桑科榕属——团结协作 ································· 110
  案例十四　睡莲科——文化素养 ··································· 111
  案例十五　蔷薇科——文化传承、中医药思维 ······················· 113
  案例十六　玄参科——服务人民、无私奉献 ························· 114
  案例十七　菊科——文化素养 ····································· 116
  案例十八　兰科——典雅高洁、淡泊名利 ··························· 118

第十一章　药用植物野外实习 ·· 121
  案例一　乐于助人、艰苦朴素 ····································· 122
  案例二　安全意识、团结互助 ····································· 123
  案例三　郭亮挂壁公路——拼搏精神 ······························· 125
  案例四　生态保护、专业责任 ····································· 126
  案例五　热爱自然 ··· 128

附录　课程思政教学改革经验做法 ···································· 130
参考文献 ··· 133

导 论

一、课程简介

药用植物学是中药学专业学习植物科学理论知识、系统掌握植物药学相关基础知识和基本技能的一门专业基础课,是用植物学的知识和方法来研究具有预防、治疗疾病和保健作用植物的一门科学。

药用植物学是实践性很强的一门学科。植物根、茎、叶、花、果实和种子六大器官的外部形态特征是识别药用植物和进行药用植物分类的基础。而描述植物器官形态特征的专业术语和专业名词特别多,知识点繁杂,如果一味地照本宣读,学生会感到很抽象难懂、枯燥乏味,逐渐失去学习的兴趣。本课程课堂讲授要求理论联系实践,贯彻少而精的原则,适时融入思政元素激发学生的主观能动性和创造性,同时充分运用药用植物园和校园的实物标本、照片、模型、图表、多媒体教学等教具和声像教材进行直观、形象的教学,以提高学生的学习兴趣和教学效果,培养学生观察能力、解决问题的能力。

药用植物学的基本内容分为植物器官内部显微结构、外部形态特征和植物分类学三大部分。显微结构部分按照细胞—组织—器官的顺序进行讲解。形态部分以个体发育为主线,加强植物形态、结构、功能和药用功效的联系。分类部分以从低等到高等的系统发育为主,强化药用植物分类鉴定能力的培养与中药生产的结合,培养学生从植物生物学的角度理解药用植物和中药的关系,理解"形性—环境—性效"的传递特点,和"以形寻药""以地寻药"的思路和方法。本门课程旨在让学生掌握药用植物学基本的理论知识和实践技能,增强学生利用现代生命科学成果解决中药生产和资源利用等实际问题的能力,引导学生正确理解和坚持中医药思维的传承与发展、守正与创新,运用植物科学的理论知识推动中医药事业发展。

药用植物学的教学过程一般包括理论讲授、实验和野外实习三个环节。通过本门课程的学习,学生准确理解药用植物的外部形态、内部构造和分类相关的基本概念,掌握药用植物学的基本实验技能和药用植物野外考察、标本采集与鉴定的基本方法。教学过程中要充分利用实验课和野外实习实践性、操作性比较强的特点,于细节处融入思政元素,培养学生严谨的科学态度,分析问题和解决问题的能力,互帮互助、通力合作的团队精神,保护环境和野生中药资源的意识,刻苦勤奋、不畏艰险的个人品质。

本门课程一般开设在大二的下学期,学生前期已学过中医学基础、中药学、医药拉丁语等课程。中药种类众多,其中大多数来自植物,所以药用植物学和中药的品种、药材的评价和临床效用以及中药资源开发研究密切相关,本学科在中药学专业的课程学习中有承前启后的重要地位。药用植物学是中药鉴定学、中药化学、中药资源学等专业课程学习的基础,学好这门课能够提升学生的专业自信心和社会责任感。

药用植物学不断吸收、融合生命科学的新知识、新成果,提供植物类中药研究和利用的认识论、方法论,并在解决中药生产和科学研究问题的过程中不断完善和发展,逐步形成以植物形态构造为基础、以分类鉴定为核心、以植物成药规律为桥梁的一门综合性学科,进而培养学生的科研探索精神、传承与创新精神、生态环保意识。

二、思政元素解读

药用植物学的教学过程,讲授的是植物的演化和其丰富多彩的外部和内部世界,揭示的是大自然中生命的运行规律和植物与环境相互作用的关系,感受到的是药物发现的人文精神,其中蕴含着丰富的育人元素,需要充分挖掘并采用适当的教学方式和途径融入教学活动中,充分发挥课程的育人作用。

（一）政治认同

中医药学包含着中华民族几千年的健康养生理念及其实践经验,是中华文明的一个瑰宝,凝聚着中国人民和中华民族的博大智慧。习近平总书记强调,要遵循中医药发展规律,传承精华,守正创新,加快推进中医药现代化、产业化,推动中医药事业发展。我国药用植物学的发展具有悠久历史,从神农尝百草到《本草纲目》再到《中国药典》,这不同时期的本草著作无不凝聚着历代中医药学家的传承与创新,饱含着中华民族的博大智慧。

药用植物学的任务之一就是进行中药资源的整理、开发、利用和保护。我国已分别于1958年、1969年、1983年、2011年进行四次全国性的中药资源普查工作,每次普查都是在中国共产党领导下,众多中药人参与的一项集体活动。通过讲述普查过程中逸闻趣事、新发现、新结果,不仅能增强学生的学习积极性、专业责任感和社会使命感,还能增强学生对党的领导、政策、创新理论的政治认同、思想认同、情感认同,坚定中国特色社会主义的道路自信、理论自信、制度自信、文化自信。中药资源普查的结果为我国中药资源的开发、利用、保护提供很好的数据支撑,结合我国正在大力发展的健康中国战略,促使学生了解我国的国情、党情、民情,培养学生对中医药发展前景、本草文化及理论的自信心,激发学生的爱国情、强国志、报国行的爱国主义情怀。

药用植物的调查、整理和记述是中药资源利用和保护的基础,明确制定利用和保护策略则是维持中医临床有药可用的基石。我国的行政区划和建制,以及土地利用状况较以前已发生了翻天覆地的变化,原有的产地记录与现有情况相差甚远。同时,随着植物调查和研究不断深入,植物新种不断被发现,也有许多物种被归并、分出或重新组合。因此,开展区域性药用植物的调查和整理,掌握药用植物资源现状,制订利用和保护方案是一项长期工作,以此来培养学生守正创新、与时俱进的社会主义核心价值观。

植物鉴定和分类是药用植物学研究和利用的基础和核心工作,新技术与新方法逐渐被应用。如运用分子生物学技术提出的 APG 植物分类系统,激发学生的创新意识和科研探索精神,坚定树立习近平新时代中国特色社会主义思想的价值观和科学发展观。从专业角度分析,引领学生站在国家政策前沿、学科前沿认清中医药发展的真相和趋势,把科学精神和价值取向等发掘出来,实现知识传授和价值引领的融合。

(二)家国情怀

历代本草著作者、中药名家、药用植物相关科研工作者,许多是在爱国主义、家国情怀的感召下,勤奋学习、服务人民、心怀天下,从而为我国的中医药事业做出了卓越的贡献。了解他们的生平事迹,能激励学生向善行正,激发当代学生的家国情怀。

药用植物学研究的重要内容就是引领药用植物资源和新资源的开发与利用,通过介绍我国科学家利用化学成分与植物的亲缘关系,相继发现了降压药的原植物——萝芙木、血竭、云南马钱、新疆阿魏、白木香等国产资源,打破了国外对这些药物的垄断。这些中药的发现均是科学家克服重重困难取得的研究成果,体现了科学家的奉献精神和爱国情怀,引导学生把国家、社会、公民的价值要求融为一体,提高学生的爱国、敬业、诚信、友善的社会主义核心价值观,自觉把小我融入大我。

历代本草著作都是中医药学家历经千辛万苦才编撰成的,这些著作在保障中医临床用药安全有效和有药可用,以及支持经济建设中发挥了重要作用,以此培养学生探索未知、追求真理、勇攀科学高峰的科学精神,增强社会责任感和使命感。

《中国植物志》全书 80 卷,共 126 册,5000 多万字,记载了我国 301 科 3408 属 31142 种植物的科学名称、形态特征、生态环境、地理分布、经济用途和物候期等。该书基于全国 80 余家科研教学单位的 312 位作者和 164 位绘图人员 80 年的工作积累、45 年艰辛编撰才得以最终完成。此书的出现极大方便了植物学相关领域方面的研究,为我国乃至世界的科学研究都作出了巨大贡献。此书的编撰体现出我国植物学家和植物学工作者的使命担当和家国情怀。

(三)科学精神

药用植物学的发展,离不开历代科学家的科学精神,包括质疑求证精神、严谨求实精神、探索精神、创新精神、实践精神等。通过对历代科学家科研历程和科研成果的学习,理解每项研究成果的背景和意义,能激发学生对科学精神的认同和追随。

通过对本草文献的研究,屠呦呦团队经过多次试验的失败,最终从黄花蒿中研制和生产出高效抗疟的青蒿素系列产品。李时珍通过不断质疑求证编撰出《本草纲目》,袁隆平的一生都奉献给了杂交水稻的育种工作,曾世奎的海带人工养殖打开了我国海洋农业的大门,秦仁昌的蕨类分类系统对全球的蕨类植物分类产生巨大影响,正是他们勇于探索的科学精神、精益求精的大国工匠精神和家国情怀,为后世留下宝贵的精神财富和科研成果,激发学生的科学精神。

众多药用植物的连作障碍问题还未得到有效解决,人工种子的实践应用仍有很大局限性,发菜、冬虫夏草的人工栽培技术还不够成熟,从而激励学生的科研斗志,培养学生的"大国三农"情怀,引导学生以强农兴农为己任,树立把论文写在祖国大地上的务实精神,增强学生服务农业的使命感和责任感,培养知农、爱农的科技创新人才。

随着科学技术的进步,新的分类技术、方法不断出现,植物的分类和学名被修订和更新,以此培养学生客观理性的思维特质、严谨求实的科研作风和探索创新的价值取向,认同并热爱中医药文化。

(四)法治意识

"品种一错,全盘皆否。"中药是中医药界对中医区域文化差异等现象传承和发展的物质基础,而中药基源物种的延续性和客观性是确保中药安全有效的根本。由于中药普遍存在同物异名和同名异物的现象,如在500种常用中药中有300余种存在这种问题,直接危害临床用药的安全性和有效性。例如,贯众的同名异物品涉及11科58种蕨类植物。因此,运用药用植物学的理论和知识,开展中药基源植物的文献考证、种类调查和鉴定,解决中药名实混乱问题,对中药材生产、科研和临床用药均具有重要的意义,以此来培养学生的社会责任感和诚实守信的法治意识。

一些名贵野生中药材如西红花、冬虫夏草,乱采乱挖的现象频出,生态资源被严重破坏,以此激发学生的生态环境保护意识。市场上存在的以假乱真、以次充好等乱象严重影响临床用药安全。假药为什么屡禁不止?一是由于学业不精,分不出真假;二是知假造假。通过讲述一些造假的案例,对学生进行法治教育,激发学生学习专业知识的动力,增强学生的专业责任感和法治意识,促使学生树立法治观念,坚定走中国特色社会主义法治道路的理想和信念,培育学生经世济民、诚信服务、德法兼修的职业素养。

药用植物资源的开发与利用需要学生遵循人、自然、社会和谐发展的客观规律,树立尊重自然、热爱自然、保护自然的生态文明理念和符合自然规律的价值需求,倡导和践行生态可持续发展理念,从而达到专业知识、科学精神、人文情怀和社会责任担当的综合素质培养目标。

(五)文化素养

中华传统文化博大精深、包罗万象,有关植物的经史子集不胜枚举。在学习专业知识的过程中,如睡莲科、蔷薇科、菊科、兰科时,融入与莲、梅、菊、兰等相关的古代经典诗词,在专业教育中渗透文化素质教育,提高学生的文化素养和文化自信心。通过植物的叶镶嵌、根深叶茂、栀子的节外生枝等现象,引导学生深刻理解中医药优秀传统文化中讲仁爱、守诚信、崇正义、尚和合、求大同的思想精华和为人做事的道理,引导学生传承中华文脉,学传统、学文化、学知识,富有中国心、饱含中国情、充满中国味。

(六)中药传统文化

每一味中药的命名均是对其形、色、气、味、功效等特征的高度概括,是人们长期实践经验的总结。中药名,经历历史变迁,今古不同,有正名和别名、俗名之分。本草的药名以其丰富的内涵,成为中国传统文化的一个特殊载体。所以,利用本草的释名文化,不仅能提高学生学习的兴趣,还能增强学生对中国传统中医药文化的认识,培养学生的中医药思维。

中医药界很早就建立了药物发现和利用的理论体系,如《黄帝内经》中就提出"天药合一""人药相应"的观点,将植物对人体的生理病理作用与其产地、生境、形、色、气、味和生活习性等相关联,相继出现了"以地寻药""以形寻药"的药物发现和品质控制方法,从而出现了中药"多基源""单基源""同种异药"和"异源同效"等现象。这些现象蕴藏的生命科学内涵是指导开发中药新药和中药新资源的重要思维方式,借此培养学生的中医药思维,传承精华、守正创新,提升学生的文化自信。

(七)人文关怀

植物在长期的进化中无时不在与环境作斗争,表现出极高的生存智慧和生命的不易。如根、茎、叶的变态,攀援植物的攀援结构,多年生宿根草本植物的生生不息,落花生的入土结实,风中的棉絮,常绿耐寒的松树,生长在阴暗潮湿环境中的苔藓植物,被称为九死还魂草的卷柏等无不体现出生命力的顽强及与环境做斗争的拼搏精神,从而提升学生对生活、学习、工作的自信心,激发其奋斗精神、拼搏精神。罂粟的汁液与毒品之间有密切关系,借此倡导学生关爱他人、远离毒品、珍惜生命。

(八)职业道德

药用植物学的知识与人类生活密切相关,运用药用植物学基本理论知识可以解决很多生产实践问题,如根据红花颜色的变化确定其适宜的采收期、西红花药材真伪的鉴别、切洋葱时为什么会流泪、绿叶在冬季来临前为什么会变红或变黄等,培养学生发现问题、解决实际问题、服务农业生产的能力。果实的传播与动物的取食、花与传粉昆虫的协同进化、地衣植物的复合结构均体现着合作共赢的团结协作精神。

一株植物、一个器官、一个组织、一个细胞由担负不同功能的器官、组织、细胞、细胞器组成,它们之间经过分工合作、齐心协力,才能更好地去实现作为一株植物或一个器官的功能,增强学生的无私奉献和团结协作精神,提升学生的集体荣誉感。教育引导学生深刻理解并自觉实践各行业的职业精神和职业规范,增强职业责任感,培养爱岗敬业、忠于职守、无私奉献、开拓创新的职业品格和行为习惯。药用植物学野外实习工作需要分组进行,需要团队协作才能完成实习任务,培养学生团结互助、乐于助人的团队协作精神。野外实习突发情况多发,增强学生安全意识和随机应变的处事能力。

(九)个人素养

药用植物学野外实习是在野外艰苦的条件下进行的实践学习,通过采药、认药、压制标本等活动,对学生开展劳动教育、心理健康教育、安全教育,引导学生发扬吃苦耐劳的劳动精神、艰苦朴素的作风,将"读万卷书"与"行万里路"相结合。药用植物学野外实习是师生之间交流感情的绝好机会,通过野外实习期间的师生交流、师生互助,发挥老师言传身教的榜样作用,锻造学生团结互助、乐于助人的高尚品格。野外实习任务重、条件艰苦,可以培养学生不怕吃苦、勇于挑战困难、艰苦朴素的个人品格。野外实习可以了解当地的风土人情和真实的中药资源概况,培养学生扎根中国大地,了解国情民情,在实践中增长智慧才干,在艰苦奋斗中锤炼自己的意志品质。无花果低调、实而不华的品格,值得我们去学习。

五、课程思政矩阵图

表 1 药用植物学课程思政矩阵图

序号	课程内容	政治认同				家国情怀				科学精神				法治意识		文化素养				中药传统文化				人文关怀				职业道德				个人素养				
		共产党领导	理想信念	制度认同	政策认同	爱国主义	民族复兴	服务人民	社会责任	无私奉献	实践精神	创新精神	实证精神	探索精神	三农情怀	诚实守信	法治观念	生态保护	环境保护	文学素养	学传统	学文化	学知识	中医药思维	传承精华	守正创新	文化自信	奋斗精神	拼搏精神	关爱他人	珍爱生命	团结协作	爱岗敬业	服务生产	安全意识	实而不华	艰苦朴素	勤奋刻苦	乐于助人	为人处事
1	第一章 绪论	●	●	●	●					●														●	●	●	●													
2	第二章 植物细胞					●	●				●	●												●																
3	第三章 植物组织													●			●							●								●	●	●						
4	第四章 植物器官—根								●				●										●	●							●	●	●							●
5	第五章 植物器官—茎								●														●	●			●			●	●									●
6	第六章 植物器官—叶					●			●															●																
7	第七章 植物器官—花							●				●		●		●								●						●		●	●	●						
8	第八章 植物器官—果实					●			●	●		●		●										●									●	●						
9	第九章 植物器官—种子																	●	●																	●				
10	第十章 植物分类																											●	●			●								
11	第十一章 药用植物野外实习								●	●		●		●						●	●	●	●	●				●	●	●					●		●	●	●	

第一章 绪 论

　　绪论部分的任务是让学生对本门课程有一个完整的认识,让学生了解什么是药用植物和药用植物学、药用植物学的研究内容和任务是什么,激发学生的学习兴趣和专业自信,坚定中医药文化自信。通过让学生了解药用植物学的发展简史、主要研究内容和任务,培养学生的专业责任感和社会使命感,学习科学家们勇于攀登的科研探索精神、质疑求证精神、无私奉献的家国情怀。通过让学生认识到药用植物学作为中药学专业的一门专业基础课,是后续专业课程学习的基础,激发学生学习的兴趣和积极性。让学生了解为什么要学药用植物及如何学好药用植物学这门课,帮助学生树立正确的学习态度、人生观、价值观和科学的世界观,增强学习积极性。讲好绪论部分对引导学生以后的学习非常重要,主要包括以下几点专业内容。

　　(1)药用植物及药用植物学的概念、研究内容、任务。
　　(2)药用植物学的发展简史和趋势;药用植物学的学科性质及其与相关学科的关系。
　　(3)为什么学习药用植物?如何学习药用植物学?

一、教学目标

1. 知识目标
(1)说出药用植物及药用植物学的概念、研究内容和任务。
(2)归纳药用植物学的发展历程和研究现状、我国中药资源分布情况。
(3)阐述药用植物学的研究方法和相关学科的关系,辨别药用植物学在中药学学科中的地位和作用。

2. 能力目标
(1)指出为什么要学习药用植物学。
(2)建构学习药用植物学的方法。

3. 思政目标　树立正确的价值观,培养学生的家国情怀、科学精神、文化素养、中医传统思维,重视人文关怀、职业道德及个人素养的提升,建立学生的专业自豪感和专业自信心。

二、相关知识板块的思政元素分析

1. 政治认同(共产党领导、理想信念、制度认同、政策认同) 药用植物学的任务之一是保证中药基源植物来源准确,确保临床用药安全。而中药在临床用药过程中普遍存在"多源性""同名异物""同物异名"的现象,给临床用药带来安全隐患。在党的领导及国家的大力支持下,我国先后开展了四次全国中药资源普查工作,结合党的十九大提出的以人民健康为中心的"健康中国战略",鼓励学生坚定拥护中国共产党的领导和习近平新时代中国特色社会主义思想。中医药学是中国古代科学的瑰宝,也是打开中华文明宝库的钥匙。中医药科技创新日新月异,中医药领域获国家级科技奖励超过 50 项。通过这些事例,增强学生对社会主义制度的制度认同和政策认同,坚定中国特色社会主义理想信念。

2. 家国情怀(无私奉献、服务人民) "神农尝百草,日遇七十毒"的传说,反映出传统医学起源于药用植物的发现和利用,也体现古代科学家的献身精神。降压药萝芙木、国产血竭、新疆阿魏等中药的发现都是在当时物资匮乏、交通和科研条件困难,科学家们克服重重困难,跋山涉水,难以顾及个人安危的情况下完成的野外资源调查,由此帮助学生树立服务人民的专业责任感和社会使命感,为科学、国家和社会献身的家国情怀。

3. 科学精神(严谨求实、实证精神) 药用植物学的重要任务之一就是寻找和发现新的中药资源。明代医药学家李时珍历经 27 个寒暑,考古论证、穷究物理,记录上千万字札记,弄清许多疑难问题,三易其稿,完成了 192 万字的巨著《本草纲目》,被后世尊为"药圣"。这种严谨求实、质疑求证的实干精神支撑着李时珍完成了《本草纲目》的编写。以此培养学生不畏艰难、质疑求证、不断揭秘、勇于攀登的科学精神。

4. 中药传统文化(传承精华、守正创新、文化自信) 中医药以厚重的文化底蕴、丰富的临床经验、独特的理论体系、卓越的治疗效果,为中华民族的繁衍昌盛与人类健康做出了不可磨灭的贡献,既是中国古代科学的瑰宝,也是生命科学新发现的重要源泉。如屠呦呦团队从系统收集、整理历代医籍、本草、民间方药入手,在收集 2000 余方药基础上,编写了 640 种药物为主的《抗疟单验方集》,对其中的 200 多种中药开展实验研究,历经 380 多次失败,利用现代医学方法进行分析研究,不断改进提取方法,终于在 1971 年成功发掘青蒿抗疟。运用现代科学技术,揭示传统中医药理论和中药功效等背后的科学内涵,既是对传统中医药的传承和守正创新,也是当代学生所肩负的社会责任。以此提升学生的中药传统文化素养,坚定学生的文化自信,引导学生思考、发现药用植物新资源的方法和规律,增强学生的专业责任感和社会使命感。

案例一 同名异物、同物异名——政治认同

一、案例

药用植物种类多、等级多、形态多样,每种药用植物的生长方式不同、分布环境不同,

表明药用植物本身具有复杂性。同时,中药在临床使用过程中存在多源性、同名异物、同物异名的现象,还由于古今用药的变化、地区用药习惯和真伪问题导致中药在应用时具有复杂性,产生较多的医疗问题。解决这些问题都需要人们运用药用植物学的基础理论知识去了解、认识和辨别。

药用植物学的主要研究内容之一就是正本清源以确保中医临床用药安全有效。"品种一错,全盘皆否"是中医药界对中药基源问题的普遍共识。中医临床用药的安全有效是中医药传承和发展的基础,而中药基源物种的延续性和客观性是确保中药安全有效的根本。

由于各种历史原因,中药普遍存在同物异名和同名异物现象,如在500种常用中药中有300余种存在这种问题,直接危害临床用药的安全性和有效性。例如,贯众的同名异物品涉及紫萁 *Osmunda japonica* Thunb.、荚果蕨 *Matteuccia struthiopteris* (Linn.) Todaro、狗脊蕨 *Woodwardia japonica* (Linn. f.) Sm、乌毛蕨 *Blechnum orientale* Linn.、苏铁蕨 *Brained insignis* (Hook.) J. Smith. 等11科58种蕨类植物,虎杖有155个异名,益母草有30个异名。益母草因为其擅治妇科诸病,是一种治疗痛经等妇科病的常用中药,所以被称为益母草。但是这种植物在不同地区有不同的名字,如在四川被称青蒿、福建称野故草、江苏称田芝麻、浙江称三角胡麻、青海称千层塔、云南称透骨草、广东称红花艾。可见,从历史角度还原中医临床用药的客观需求,确保药材来源准确是一项长期而艰巨的工作。因此,运用药用植物学的理论和知识,开展中药基源植物的文献考证、种类调查和鉴定,解决中药名实混乱问题,对中药材生产、科研和临床用药均具有重要的意义。

第四次全国中药资源普查正是在党中央精神领导下开展的中药资源普查工作,也是对中医药的认同和支持。结合党的十九大实施的健康中国建设策略,增强学生对中医药的认识和新时代中国特色社会主义的制度认同。

二、教学设计与实施过程

本案例主要采用课堂讲授法、举例法、启发式教学法和互动式教学法。

课堂上将这几种教学方法相结合,以学生为主体、教师为主导,营造一种良好、平等的教学环境。在课堂开始后先通过播放益母草的图片,让学生说出其名字,引出本节课所讲内容。在介绍植物界普遍存在着的同名异物和同物异名现象时,引入案例,并设置有关中药基源植物与中药临床疗效等一些问题,展开课堂讨论,激发学生主动探索的兴趣。根据学生的发言,给予正向的反馈,引导学生认识植物界普遍存在的同名异物和同物异名现象,了解药用植物学的研究任务之一正是解决此问题的,增强学生的文化自信、专业自信和政治认同感,拓展学生的思维,培养学生的情怀,增加学生的课堂体验感。

三、教学效果

1. 教学目标达成度

(1)通过讲述同名异物和同物异名现象在中药中的普遍性,加深学生对为什么学习药用植物学的认识,增强学习积极性、文化自信和专业自信。

(2)通过列举因同名异物造成临床用药安全问题的事例,提高学生对药用植物学研究任务的认识和了解,增强学生的专业责任感和社会使命感。

2.教师的反思

(1)融入途径的选择,如何让学生认识到异物同名或同物异名现象的普遍性及对中药临床的影响,让学生深刻体会学习药用植物学的实际应用价值。只有用形象的例子或典型的事例或讨论的方式让学生参与进来,学生才会有所思考或触动,才能达到较好的学习效果。

(2)选择哪些例子或案例,这需要根据各个授课教师自己的实际情况,选择与当地学生相关,或熟悉,或社会热点的例子,才能引起学生的学习兴趣,增强学生的参与度。

3.学生的反馈　课堂上改变了"老师讲,学生记"的传统教学模式,问题引导式的教学方法吸引了学生的学习兴趣,提升了学生在课堂上的参与度,充分发挥了学生的主观能动性,加强了学生与老师之间的互动,课堂氛围好。通过本节课的学习,学生对药用植物学的研究有了一定了解,同时增强了学生对解决同名异物和同物异名现象的重视程度,激发了学习动力,有利于学生自身价值观的塑造。

案例二　药用植物学的研究任务——传承精华、守正创新

一、案例

开展药用植物资源调查研究,扩大利用以及实施科学保护,确保中医临床有药可用是药用植物学研究的重要任务。我国幅员辽阔,气候多样,地形复杂,物种繁多,优越的自然条件和悠久的传统医药文化相结合,孕育着丰富多彩的药用植物资源。

目前已知全球有2万多种药用植物,中国的药用植物种类约占一半。从最早记载中药的著作《神农本草经》(252种植物药)到最近的《中华本草》(7815种植物药),记载的植物药越来越多,大多数中药为植物药,所以中药与植物有密切的联系。中医药以厚重的文化底蕴、丰富的临床经验、独特的理论体系、卓越的治疗效果,为中华民族的繁衍昌盛与人类健康做出了不可磨灭的贡献,就是中国古代科学的瑰宝,也是人们利用生命科学新技术、新方法发现新药源的重要源泉。

药用植物调查工作也是发掘新药用资源的重要途径。在调查研究中,相继发掘了许多新的药用植物资源,如通过第一次中药资源普查,找到了萝芙木 *Rauwolfia verticillata* (Lour.) Baill.,从中提取、研制和生产有效的降血压药利血平;中国科学院成都生物研究所分析薯蓣属(*Dioscorea*)植物的活性成分,研制出治冠心病药"地奥心血康";近年来,又从紫杉属(*Taxus*)的多种植物中发现抗肿瘤活性成分紫杉醇(taxol)。

药用植物资源扩大利用的方式很多,主要有从同科属植物中寻找疗效相似的其他种类,或从不同科属的植物中寻找化学成分相似的种类,还可以从已有的本草文献中发掘新药。在20世纪50年代,疟疾肆虐全球。我国科学家屠呦呦带领其团队开始了抗疟疾研究,研究如何从中药里提取和分离抗疟有效成分。该团队从系统收集、整理历代医籍、本草、民间方药入手,在收集2000余方药基础上,编写了以640种中药为主的《抗疟单验

方集》。对其中的200多种中药开展实验研究,获得了380种提取物。然而,过程并没有那么顺利,直到一份青蒿提取物的出现才给研究工作带来了转机。青蒿提取物很好地抑制了寄生虫的生长,然而这个发现并没有在之后的实验中重复出来,并且与此前文献中记载的有冲突。

为了找到合理的解释,屠呦呦翻阅了大量的文献。从唯一一篇关于使用青蒿减轻疟疾症状的文献中找到灵感,该文献出自葛洪的《肘后备急方》。文中提到:"青蒿一握,以水二升渍,绞取汁,尽服之。"屠呦呦认为传统提取方法中的加热步骤可能会破坏药物的活性成分,在较低的温度中提取可能有助于保持抗疟活性。果然,在使用较低温提取方法之后,提取物的活性得到了大幅提升。该团队利用现代医学方法进行分析研究,不断改进提取方法,历经380多次失败,终于在1971年获得青蒿抗疟发掘成功。为了更好地验证青蒿素的临床药效,屠呦呦和她的团队成员勇敢地成为青蒿素的第一批志愿受试者。在确认了青蒿素提取物对人体安全的情况下,再进行推广使用。这也体现出科学家们为科学研究献身的精神。

青蒿素的发现是屠呦呦团队在本草文献记载的基础上,历经多次实验,科学家亲自试药,运用现代科学技术才研制成功的例子。青蒿素的发现,解决了困扰世界人民特别是发展中国家的疟疾问题。鉴于此,屠呦呦先生获得了2015年的诺贝尔生理学或医学奖。青蒿素是在继承发扬我国传统医药学的基础上,从千百个复方、单方、古方、验方中,运用现代科学理论、方法、手段发现、研制的现代中药。借此增强学生的中医药文化自信、社会责任感以及科研探索精神。

二、教学设计与实施过程

本案例主要采用课堂讲授法、问题引导式和启发式的教学方法。

课堂上将这几种教学方法相结合,以学生为主体、教师为主导,营造一种良好、平等的教学环境。在课堂开始后先通过播放有关屠呦呦获得诺贝尔奖的视频,引出本节课所讲内容,接着用课堂讲授法介绍药用植物学的研究任务,在介绍到开发新药资源时,引入案例,并设置青蒿素是在什么背景、什么条件下、用什么方法被发现的等一些问题,展开课堂讨论,激发学生主动探索的兴趣。根据学生的发言,给予正向的反馈,引导学生学习药用植物学的研究内容和任务,了解青蒿素是运用现代科学技术,在揭示传统中医药理论和中药功效等基础上得到的,既是对传统中医药的传承和守正创新,也是当代科学家们克服困难、勇于探索、创新和献身的结果,引导学生学习科学家们的科研精神,坚定学生的中医药文化自信,增强学生的专业责任感和社会使命感,拓展学生的思维,培养学生的情怀,增加学生的课堂体验感。

三、教学效果

1. 教学目标达成度

(1)通过讲述屠呦呦团队利用先进的科学技术才得以发现青蒿素的例子,促使学生对中药资源开发和利用的手段、途径有更深刻的认识和理解,增强学生的专业自豪感。

(2)通过讲述屠呦呦团队查阅本草书籍而发现青蒿素的例子,坚定学生对中医药文化的自信和传承创新精神。

(3)通过讲述屠呦呦团队发现青蒿素的艰难历程,激励学生发扬克服困难、勇攀高峰的科研探索精神。

2. 教师的反思　本节课重点是通过学习药用植物的研究任务,让学生对为什么要学习药用植物学有一个深刻的认识。通过提问、图片展示、视频播放、讲述等多种形式让学生有所触动,主动思考为什么学的问题。重视课堂互动,促进学生掌握本节课的专业理论知识,同时帮助学生树立正确的价值观,培养学生传承精华、守正创新的科学精神。

3. 学生的反馈　本节课通过融入屠呦呦发现青蒿素的艰难历程,学生了解可以从本草文献中发掘新药。如果结合一些疟疾病人的症状及用青蒿素治疗前后的对比照片,对学生的触动更深,更能激发学生对中医药文化的自信和对科学家科研探索精神的崇拜。

案例三　药用植物学发展简史——科学实证精神

一、案例

药用植物学的发展经历了漫长的过程,是历代医药学家长期积累的结果,这体现在历代本草著作上。从《神农本草经》记载的植物药252种,到唐代《新修本草》增加到600种。到明代,李时珍在前人研究基础上,编纂成《本草纲目》,收载植物药1100多种。在编写《本草纲目》的过程中,最使李时珍头痛的就是由于药名混杂,往往弄不清药物的形状和生长的情况。过去的本草书,虽然作了反复的解释,但是由于有些作者没有深入实际进行调查研究,而是在书本上抄来抄去,所以越解释越糊涂,而且矛盾百出,使人莫衷一是。例如中药远志,南北朝著名医药学家陶弘景称它是小草,像麻黄,但颜色青,开白花。宋代马志却认为它像大青,并责备陶弘景根本不认识远志。又如狗脊一药,有的说它形似萆薢,有的说它像菝葜,有的又说它像贯众,说法不一。李时珍在他父亲的启示下,深刻认识到,"读万卷书"固然需要,但"行万里路"更不可少。于是,他既"搜罗百氏",又"采访四方",深入实际进行调查。

鲮鲤,即穿山甲,是常用的中药。陶弘景说它能水陆两栖,白天爬上岩来,张开鳞甲,装出死了的样子,引诱蚂蚁进入甲内,再闭上鳞甲,潜入水中,然后开甲让蚂蚁浮出,再吞食。为了了解陶弘景的说法是否正确,李时珍亲自上山去观察,并在樵夫、猎人的帮助下,捉到了一只穿山甲。从它的胃里剖出了1升左右的蚂蚁,证实穿山甲食蚂蚁这点,陶弘景是正确的。不过,从观察中,他发现穿山甲食蚁时,是搔开蚁穴,进行舐食,而不是诱蚁入甲,下水吞食。李时珍肯定了陶弘景对的一面,也纠正了其错误之处。

李时珍20岁时,正在诊病,突然一帮人闹闹嚷嚷地拉着一个江湖郎中拥进诊所。为首的年轻人愤愤地告诉李时珍,他爹吃了这江湖郎中开的药,病没见好,反倒重了。他去找他算账,郎中硬说药方没错。让李时珍给看看。说完把煎药的药罐递了过来。李时珍抓起药渣,仔细闻过,又放在嘴里嚼嚼,告诉他这是古医书上的错误,《日华本草》的记载把漏篮子和虎掌混为了一谈。

此后，李时珍通过对药物亲自采集、仔细观察，打破了沿用已久的上中下三品分类法，建立了三界十六部分类法，使分类体系更为科学化，以得其真，获得很大成功。李时珍为弄清每味药物，先参考诸家本草，考核诸家异同，再用自己观察试验的结果加以参证。在质疑求证、批判继承的基础上，推陈出新，"发前人未到之处"。这种精神贯穿于他的全部研究活动中。

李时珍躬亲实践，向不同行业的劳动人民学习，注意调查研究。他从猎户口中得知虎骨强志壮神之功能，从菜农处明确芸苔即油菜，从工人处学得防止采矿中毒之法。山人、渔翁、农夫、皮匠、猎户都是他的老师，使他从调查研究中获益匪浅。

李时珍还主张人定胜天，通过以上研究方法取得的成果，使他更加坚定了这一信念，认为药物的药性不是固定的，可用人工方法改造其自然性能。药性下沉者，用酒引之使其升；升浮者，以咸寒药引之使降。李时珍昭示迷信神仙说之误，批判服食飞升举之谬，服金银，为赖水谷血肉之躯所不堪，"求仙而丧生，可谓愚也矣"。居住水中，步履水上，是邪说。

李时珍巧用炼金术。当时嘉靖皇帝迷信仙道，祈求长生不老。为取悦皇帝，方士便大炼不死仙丹，因而在全国掀起了一股炼丹热潮，但不少人服用仙丹后中毒死亡。李时珍知道仙丹多用水银、铅、丹砂、硫黄、锡等炼取，含有毒素，于是疾呼："丹药能长寿的说法，绝不可信。"并列举服食丹药后死亡的例子。但有方士反驳说："古代药书上说，水银无毒，服食可以成仙，是一种长生药。"李时珍认为前人遗留下来的知识可以参考，但一定要经过分析，不能尽信书上所说的。同时告诉学生，李时珍虽然坚决反对服食仙丹，却以科学的态度应用炼丹的方法。他亲自研制水银来医治疮疥等病，又利用炼金术烧制外用药物，他还把研究的数据记载在《本草纲目》里。

后来，李时珍历经27个寒暑，先后到武当山、庐山、茅山、牛首山及湖广、安徽、河南、河北等地收集药物标本和处方，并拜渔人、樵夫、农民、车夫、药工、捕蛇者为师，参考历代医药等方面书籍925种，亲自实践、考古证今、穷究物理，记录上千万字札记，弄清许多疑难问题，三易其稿，完成了192万字的巨著《本草纲目》，记载植物药1100多种，并建立了新的分类法。

李时珍在编写《本草纲目》时，成功地运用了观察和实验、比较和分类、分析和综合、质疑求证、批判继承和历史考证方法。每部本草著作都是科学家长期实践、积累的结果，让学生明白"纸上得来终觉浅，绝知此事要躬行"的道理。这种人类与自然疾病作斗争的拼搏精神、责任感、质疑求证和献身精神更是支撑李时珍完成编写的优良品质。借此培养学生对中医药的热爱，学习李时珍严谨求实、质疑求证的科学精神及对中医药事业的奉献精神。随着科学技术的进步，发达的交通工具、先进的分析仪器的应用，加速了对中药资源开发和利用的进程，但均要以科学为准绳，以此鼓励学生质疑求证、勇于攀登的科学实证精神，树立中医药传承和创新的时代感、使命感。

二、教学设计与实施过程

本案例主要采用课堂讲授法、启发式教学法和互动式教学法。

课堂上将这几种教学方法相结合，以学生为主体、教师为主导，营造一种良好、平等的教学环境。在课堂开始后先通过历代的本草书籍引出本节课所讲内容,接着介绍李时珍编著《本草纲目》的历程。在介绍李时珍编著这部巨著时,引入案例,并通过设置李时珍在编写《本草纲目》时对已有本草有哪些纠错的例子,如对穿山甲形态特征的描写等,比以往本草书籍有哪些改进等一些问题,展开课堂讨论,激发学生主动探索的兴趣。根据学生的发言,给予正向的反馈,引导学生学习药用植物学的发展历程,了解李时珍编著的《本草纲目》是在已有本草记载的基础上,通过不断质疑求证、实地考察才完成的。不仅在记载植物药的数量上较已有本草书籍有显著增加,而且图文并茂,详细记载了每种药用植物的形态特征、药用价值、分布等,具有划时代的意义。进一步学习李时珍精勤不倦、敢于质疑求证的精神,拓展学生的思维,培养学生的情怀,增强学生的课堂体验感。

三、教学效果

1. 教学目标达成度

(1)通过让学生自己查阅历代本草著作和教师讲述李时珍的生平事迹,让学生对李时珍撰写《本草纲目》的历程有更深的认识,学习李时珍质疑求证的科学精神,进而培养学生对中医药事业的热爱和坚持不懈精神。

(2)通过讲述李时珍对中医药事业的贡献,激发学生对我国中医药事业传承和创新的时代感、使命感。课堂互动提高了学习的主动性与积极性,强化了文化自信和科学精神。

2. 教师的反思　让学生课前查阅李时珍的生平事迹及其撰写《本草纲目》的历程,结合教师的讲述、课堂讨论会加深学生对我国中医药发展历程的认识和感触,激发学生的学习积极性,效果较好。

3. 学生的反馈　通过李时珍的故事,对李时珍及其《本草纲目》有了更深的认识,明白了我国的中医药是在不断质疑求证的过程中发展起来的,当代学生也要不断地去承古拓新,发扬壮大我国的中医药事业。

案例四　中药资源开发——社会责任、探索精神

一、案例

我国中医药经过了漫长的发展过程。有人读过《神农本草经》吗?说一说《神农本草经》在我国中医药发展中的地位。神农是如何发现每一味中药的?引出"神农尝百草,日遇七十毒"的传说,反映出传统医学起源于药用植物的发现和利用,也体现古代科学家的献身精神。

药用植物学的研究任务之一就是对中药新资源的开发利用,如我国科学家发掘萝芙木、新疆阿魏、国产血竭、白木香等中药资源的实例。这些中药都是在物资匮乏、交通不便和科研条件困难的情况下,科学家们克服重重困难,跋山涉水,不顾个人安危完成的野外资源调查中发现的,由此引发学生对"医者仁心"的职业精神的深度思考,树立科研工

作者的责任感以及为国家和社会无私奉献的家国情怀。

有同学的家人中有高血压患者吗?都服用哪些降血压药?个别学生可能会回答出几种常用的降血压药。再问:这些药是中药还是西药呢?有同学了解萝芙木与降压灵的关系吗?然后向学生讲述我国常用的降压药——降压灵是如何被发现的。

在早期我国没有降血压药,只能从印度进口降血压药——利血平。利血平是一种吲哚型的生物碱,主要存在于夹竹桃科萝芙木属多种植物中。印度人从萝芙木中提取出这种具有降血压活性的生物碱,对市场上的降血压药进行垄断。在这样的背景下,我国科学家克服重重困难,不顾个人安危,利用植物间亲缘关系越近,其化学成分越相似的原理,从云南的一种蛇根木(与萝芙木同属)中成功提取出具有抗高血压作用的总生物碱,其主要成分是利血平,研制成抗高血压药——降压灵。

降压灵的问世,打破了印度对降血压药的垄断,解决了我国高血压患者用药难的问题。接着,再告诉学生,目前临床常用的降压药当中并不包括利血平,由于利血平的降压效果非常短暂,一旦药效消失,血压会迅速地反弹。服用利血平的高血压患者有可能会出现血压波动,加重高血压的并发症,因此临床上高血压治疗已经不再推荐利血平作为一线的降压药物。

不论是印度的利血平还是我国的降压灵均是从植物体提取有效成分,而后研制成的西药。具有降血压作用的药用植物种类是比较多的,比如罗布麻、桑寄生、葛根、夏枯草、杜仲、菊花、天麻、石决明、钩藤等。随着科学技术的进步,一些降血压的中药也相继问世,如罗布麻降压片。不过临床上一般并不单用这些中药来降血压,一般用一些具有降压作用的复方制剂。最常用的比如复方罗布麻片、珍菊降压片、杜仲降压胶囊、安宫降压丸、牛黄降压片等。不管是单用具有降压作用的中药,还是用这些具有降压作用的复方制剂,对于轻中度的高血压都具有一定的效果,而对于重度高血压效果不大,而且并不能长期平稳控制好血压,所以临床上一般并不用这些中药或者中成药制剂来控制血压。那么我们是否可以研制成西药,或提高中成药的有效成分的含量,提高这些中成药的降压效果呢?这有待进一步的研究开发,从而提升学生专业责任感。

接着可以继续介绍具有消积、杀虫功效的新疆阿魏又是如何被发现的。然后教师可以选择以视频、图片的形式进行讲述,这些现代中药的发现都是在掌握植物学的理论知识基础上,科学家们不断探索发现的结果。通过这些新药发掘的事例,培养学生勇于探索的科学精神、为国家和社会做贡献的家国情怀。

二、教学设计与实施过程

本案例采用课堂讲授法、举例法、启发式教学法和互动式教学法。

课堂上将这几种教学方法相结合,以学生为主体、教师为主导,营造一种良好、平等的教学环境。在课堂开始后先通过神农尝百草的传说,引出本节所讲内容,接着介绍药用植物学的研究任务之一就是进行药用植物新资源的开发利用,再用举例法介绍一些新药发现的历程,如萝芙木、国产血竭、云南马钱子等例子,并设置学生熟知的抗压药有什么、降压灵是如何被发现的等一些问题,展开课堂讨论,激发学生主动探索的兴趣。根据学生的发言,给予正向的反馈,引导学生掌握药用植物学的研究任务和内容,了解用于中药新资源发现的植物亲缘关系学说,这些现代中药的发现都是在掌握植物学的理论知识基础上,科学家们不断探索发现的结果。通过这些新药发掘的事例,拓展学生的思维,培养学生不断探索的科研精神、为国家和社会做贡献的家国情怀,增加学生的课堂体验感。

三、教学效果

1. 教学目标达成度

(1)通过讲述我国研制降血压药——降压灵的事例,激发学生为我国中医药事业奉献力量的家国情怀。

(2)通过讲述我国的降压灵是在掌握植物学基本知识的基础上被发现的,激发学生学习药用植物学知识的积极性,同时培养学生勇于克服困难、勇于挑战的科学创新和探索精神。

2. 教师的反思　教师单纯讲述降压灵的发现历程,学生可能会觉得比较单调。如果先引入印度对降血压药的垄断,再讲述降压灵的发现过程,会更能引起学生的兴趣。

3. 学生的反馈　高血压是常见的一种疾病,而降压药种类繁多,如果使用不当会产生严重的副作用,如何选择合适的降血压药很关键。

第二章 植物细胞

对植物的认识和了解一般按照个体-宏观-微观的顺序。在药用植物学微观层面最小的是细胞,然后由细胞构成组织,组织构成器官。通过细胞内容的学习,首先让学生了解细胞存在于植物的什么部位,如何观察植物细胞,植物细胞都由哪些成分构成,与动物细胞有何区别。

细胞是构成植物体结构和功能的基本单位。植物细胞大小一般为几微米至几百微米,需要借助光学显微镜或电子显微镜才能观察到,分别称为显微结构和超微结构。一个典型的植物细胞从外到内分别由细胞壁、原生质体两部分组成。原生质体包含具有一定形态、结构及担负特定功能的细胞器(质体、线粒体、高尔基体等)和后含物(如晶体、淀粉粒、蛋白质、脂肪、菊糖等)。不同细胞器都具有一定的形态特征,并担负特定的生理功能,充分体现了结构和功能的统一性。一个细胞就像一个团队,每个成员都各司其职,共同完成一个细胞担负的任务,从而培养学生的职业道德和团队协作精神。

细胞壁具有分层和特化现象,形成具有不同厚度和理化特性的细胞壁,同时具有细胞间联系的通道——纹孔和胞间连丝。细胞壁的特化是植物为了适应环境,担负特定的功能而做出的结构上的变化,培养学生善于克服困难、适应不同环境的勇气。质体、液泡、细胞壁是植物细胞区别于动物细胞的三大特征性结构,也是植物细胞的特色,液泡中含有各种后含物。让学生明白学习细胞的目的是为中药的显微鉴定服务的,因此学习细胞时要重点掌握那些既属于植物细胞所特有的又具有一定的形态可加以区分的结构,即细胞壁、后含物及晶体。

一、教学目标

1. 知识目标
(1)掌握植物细胞与动物细胞的区别特征。
(2)阐述质体、液泡、后含物、细胞壁的结构特征和特点。
(3)掌握植物细胞、细胞器的概念。

2. 能力目标
(1)能利用细胞的显微结构特征对中药进行显微鉴定。

(2)具有使用理论知识解释一些植物生长现象,如花生为什么能入土结实的能力。

3. 思政目标　树立正确的价值观,培养学生的家国情怀、科学精神、文化素养、中医传统思维,重视人文关怀、职业道德及个人品格的提升,建立学生的专业自豪感和专业自信心。

二、相关知识板块的思政元素分析

1. 科研精神(创新精神、探索精神)　植物细胞从被发现到细胞学说的建立和应用是一代代科学家不断钻研、实验的结果,培养学生的科研探索精神和创新精神。

2. 职业道德(团结协作、爱岗敬业、服务农业)　洋葱是人们常食用的一种蔬菜,但切洋葱是一件痛苦的事情。通过介绍洋葱细胞的形状、排列方式及导致眼睛流泪的主要物质,让学生观察如何切才能减少对洋葱细胞的破坏,进而培养学生发现问题、解决实践问题的能力。

细胞是组成植物体的基本单位。细胞内的各个组成部分各有分工,各自担负不同的生理功能,共同维持细胞的生理功能。细胞的生命活动靠各个组成部分相互配合才得以实现,进而培养学生的爱岗敬业和团队协作精神。

案例一　细胞发现到细胞学说——科学探索精神

一、案例

细胞是有机体结构和功能的基本单位,是植物体内各种生命活动的场所,它使无序的活性物质发展成严整的生命结构形态,并提供了稳定的内环境,使新陈代谢能够有序进行。

植物细胞的研究和认识依赖显微镜的发明和显微技术的不断丰富完善。1665年,英国人罗伯特·胡克(Robert Hooke)在用自制的显微镜观察软木时,发现植物体内呈现蜂窝状的小室,把这些小室命名为细胞。随后荷兰人列文虎克(Antonie van Leeuwenhoek)和意大利人马尔比基(Marcello Malpighi)等先后用显微镜观察研究了植物、动物和微生物的活细胞。经过科学家们几十年的观察研究,1838—1839年间由德国植物学家施莱登(Matthias Jakob Schleiden)和生理学家施旺(Theodor Schwann)提出细胞是动物和植物结构和功能的基本单位,新细胞可以在已存在细胞作用下产生。后经众多科学家不断补充和修正,形成了现代细胞学说,即细胞是生物体结构和功能的基本单位,细胞通过分裂产生新细胞,细胞是一个相对独立的生命单位,又与其他细胞共同组成整个生命。细胞学说阐明了动、植物的统一性,成为生物界发展学说建立的基础,对现代生物学发展有重要的意义,被恩格斯列为19世纪自然科学的三大发现之一。

细胞学说揭示了细胞的统一性和生物体结构的统一性,以及生物在进化上的共同起源。从此,人类对生物学的研究进入细胞层面,极大地推动了生命科学与医学的发展,并给辩证唯物论提供了重要的自然科学依据。

20世纪，随着电子显微技术、分级分离技术、同位素示踪、原位杂交技术、细胞培养技术等的应用，人类进一步认识到细胞各部分的结构和功能、生命活动和调控规律，并在细胞和分子水平上推动着生命科学的发展。1958年，斯图尔德（F. C. Steward）等证实了植物细胞具有全能性。

植物细胞全能性的发现是细胞组织培养技术发展的基础，从而利用细胞的全能性，实现了在人工条件下培养植物细胞，获得药物成分，使一些濒危药用植物资源得到保护，加快了中医药的发展。如通过组织培养新疆紫草的幼苗、叶片等都可以提取紫草素，大大提高紫草素的产量。

二、教学设计与实施过程

本案例主要采用课堂讲授法、举例法、启发式教学法和互动式教学法。

课堂上将这几种教学方法相结合，以学生为主体、教师为主导，营造一种良好、平等的教学环境。在课堂教学开始后先通过播放各种显微镜的图片，引出本节课所讲内容，接着介绍细胞的概念和特征，在介绍植物细胞时引入案例，并设置细胞是谁发现的、什么是细胞全能性等一些问题，展开课堂讨论，激发学生主动探索的兴趣。根据学生的发言，给予正向的反馈，引导学生学习植物细胞的形态特征，了解细胞的研究是科学家们不断探索研究的结果，进一步培养学生刻苦钻研、不断创新的科研探索精神和敢于人先的拼搏精神。引导学生认识到现代组织培养技术是在细胞全能性发现基础上的应用，经过了一代又一代科学家坚持不懈的探索、修订和完善，引导学生认识到科学新知的发现必须是一个传承和不断开拓创新的过程。只有勇于肩负时代的使命，心怀造福人类的情感，才能在科学的道路上砥砺前行，在推动人类文明进步中发挥自己的作用。通过展示利用组织培养技术成功生产紫草素的例子，不仅提高学生的学习兴趣，而且让学生认识到利用细胞培养技术发展中药事业是可行的，为人类获得植物次生代谢物质开辟了一条新途径，增加学生的专业自信心。通过这些例子，拓展学生的思维，培养学生的情怀，增加学生的课堂体验感。

三、教学效果

1. 教学目标达成度

（1）通过讲述细胞被发现和利用的历史，较好地激发学生勇于探索的科学精神。

（2）通过讲述细胞的全能性、组织培养与中药资源开发和利用的关系，培养学生刻苦钻研、勇于创新和探索的科学精神。

2. 教师的反思　用讲述的方式，并不能积极调动学生的学习兴趣。应用大量的图片或视频给予学生视觉的冲击，让学生认识到科学研究是一个持续不断探索的过程，每一个新的发现都是长期研究积累的结果，只有坚持不懈、刻苦钻研才能有所收获。

3. 学生的反馈　可以多讲一些利用细胞全能性来开发研究中药资源的例子，有哪些最新的研究进展与应用，还有哪些未解决的问题，为学生以后的科研指出研究方向。

案例二 细胞的组成——科学实践精神

一、案例

  细胞的形状多种多样,常有球形、类球形、纺锤形、柱状、多面体形等。单细胞植物(如小球藻)的细胞处于游离状态,常呈球形或近球形;多细胞植物的细胞形态多样,如体表细胞多为扁平状,侧面观方形,表面观不规则;代谢旺盛的细胞常呈近等径或略伸长的多面体;支持细胞多呈纺锤形或圆柱形;输导细胞多呈长管状。

  植物细胞由细胞壁和原生质体两部分组成。细胞壁包围在原生质体外,起支持和保护功能。我们切洋葱的时候为什么总会流眼泪?我们食用的洋葱是洋葱的变态鳞茎,主要的食用部位是鳞叶。因为在洋葱的鳞叶细胞中,含有一种叫作蒜氨酸的物质。这种蒜氨酸并没有刺激性。但是,我们切洋葱的时候会把鳞叶细胞的细胞壁破坏掉,使细胞中的蒜氨酸和外面的酶发生化学反应,生成一种叫作蒜素的刺激性物质。就是这种蒜素,刺激着我们的眼睛而流泪。其实,蒜素是洋葱用来抵御病虫危害的一种次生代谢产物,在洋葱受到病原菌或害虫危害时,蒜素就可以起到保护作用,是一种植保素。这种蒜素对洋葱自身也会产生不好的影响。所以在平常的时候,洋葱只会生成无毒的原料物质,只有当细胞被病原菌或是害虫破坏了之后,才会瞬间释放出这种刺激性物质。如果细胞不被破坏,是不会形成这种刺激性物质的。一边切洋葱一边流泪确实很不爽。其实要想切洋葱时不流眼泪,也是有办法的,主要是要想办法减少对洋葱鳞叶细胞的破坏。

  洋葱鳞叶的表皮细胞是一束束纵向排列着的,排列非常整齐紧密。竖着切的话就不太会破坏细胞本身。我们竖着切菜、劈砍木头相对来说比较容易,就是因为细胞是呈纵向分布着的。横着切洋葱的话,会破坏较多细胞,释放较多刺激性物质;而竖着切的话,细胞被破坏的少,释放的刺激性物质就较少。但是,横着切洋葱,虽然会破坏较多的细胞,但是洋葱的口感变得更柔软。所以,把横着切的洋葱泡在水里的话,辣味成分会溶解在水里,吃的时候就吃不出辛辣的味道了。所以,如果是用洋葱做蔬菜沙拉的话,横着切更好一些。但是如果是炒菜的话,横着切的洋葱会破坏细胞,使细胞内的成分渗到外面来。竖着切可减少对细胞的破坏,直到吃的时候,才会通过咀嚼破坏洋葱的细胞,让洋葱的味道散发出来。因此,竖着切的洋葱,可以使洋葱的味道变得更加浓郁。

  另外,蒜素在低温时具有不易挥发的特性,所以在切洋葱之前把它放进冰箱里冷冻一会儿,就可以抑制这种物质的挥发,也可以减少流泪。可见,利用我们所学的理论知识可以发现和解决一些生活、工作中遇到的问题,做到理论指导实践。

二、教学设计与实施过程

  本案例主要采用课堂讲授法、举例法、启发式教学法和互动式教学法。

  课堂上将这几种教学方法相结合,以学生为主体、教师为主导,营造一种良好、平等的教学环境。在课堂开始后先讲授植物细胞的一般形态特征和组成,在介绍细胞壁时,引入案例,并设置切洋葱的时候为什么总会流眼泪、应如何切才能减少对细胞的破坏等一些问题,组织课堂讨论,激发学生主动探索的兴趣。根据学生的发言,给予正向的反馈,引导学生学习植物细胞的一般形态特征、组成和各组成部分的功能,了解洋葱鳞叶表皮细胞的构成及排列方式和切洋葱流泪之间的关系,培养学生发现问题、解决问题的能力,提升理论指导实践、理论应用于实践的科学实践精神,拓展学生的思维,培养学生的情怀,增加学生的课堂体验感。

三、教学效果

1. 教学目标达成度

(1)通过讲述切洋葱会流泪的原因及减少刺激物产生的措施,不仅激发学生主动去了解洋葱鳞叶表皮细胞的形态特征,还能增强学生理论结合实践、解决实践问题的实践精神。

(2)通过讲述洋葱鳞叶细胞的形态特征,让学生进一步掌握细胞壁是植物细胞与动物细胞的主要区别特征。

2. 教师的反思　洋葱是常见的一种蔬菜,大家对切洋葱会流泪感触很深,讲起来比较容易。但讲解时,带上洋葱实物,结合洋葱表皮细胞的示意图片,能更直观形象地让学生理解洋葱表皮细胞形态特征和排列方式。

3. 学生的反馈　又学到了一种生活小技能,以后再也不怕切洋葱了。通过这节课的学习,对洋葱鳞叶表皮细胞的形态特征有了更深刻的认识。

案例三　细胞的结构——团队协作

一、案例

植物细胞一般由细胞壁、原生质体、后含物组成。需要注意的是,植物细胞的形态结构、后含物的种类常因植物种类、细胞功能和发育期的不同而不同。

细胞壁位于细胞的最外面,具有一定硬度和弹性,起保护和支持作用,限制细胞过度吸水胀破,而紧张的细胞能维持器官与植株伸展的姿态。在细胞生长发育的不同时期和不同植物组织中,细胞壁的成分、结构、硬度和弹性等特性不同。一般植物细胞只具有初生壁,具有次生壁的细胞有强大的支持能力。此外,细胞壁中存在许多活性蛋白,参与物质吸收、运输、分泌,以及细胞与细胞之间的信号传递、识别等生命活动。植物细胞具有细胞壁也是区别于动物细胞的主要特征之一。为什么人一旦得了癌症,肿瘤细胞容易转移呢? 正是因为动物细胞没有细胞壁的限制,可以到处移动。而植物细胞具有细胞壁的保护和限制,细胞不能移动。

原生质体是细胞内新陈代谢活动的场所。原生质体主要包括细胞膜、细胞质、细胞核,组成成分复杂。细胞膜又称质膜,质膜紧贴细胞壁并包围原生质体。质膜由磷脂双分子层构成,膜上分布有蛋白质。质膜主要起识别和选择透性的作用,保持细胞内环境的稳定性。

细胞质是指细胞核以外、细胞膜以内的原生质,包括细胞基质和细胞器。细胞基质主要由蛋白质、氨基酸、核酸、水等组成,处于半流动状态,起到物质运输、能量交换、信号传递等功能。细胞质中还有具有特定形态、结构和功能的细胞器,如质体、线粒体、液泡、内质网、高尔基体等。

质体是真核绿色植物所特有的并由双层膜包被的细胞器,根据功能不同又分为叶绿体、有色体和白色体。叶绿体是真核绿色植物进行光合作用的细胞器,有色体是使植物呈现黄色、橙色等含有色素的质体。白色体主要参与淀粉、蛋白质、脂肪等营养物质的贮藏。

线粒体是植物细胞内进行呼吸作用的细胞器。

液泡内充满液体,含有各种初生和次生代谢物质,参与细胞内物质的积累、移动和植物的抗逆性。

细胞核是细胞生命活动的控制中心,控制着细胞和植物体的生长、发育和繁殖。

一个细胞就像一个团队,细胞的生命活动是靠各个组成部分相互配合才得以实现的,进而培养学生的团队协作精神。随着现代工业文明的发展,社会专业化分工会越来越细。但是个人分工只是形式不是目的,团结协作才是目的。每项工作的完成都离不开团结协作,离不开与他人的沟通与交流。在当今这个信息高速传播的时代,一个缺乏团结协作精神的人不可能取得大的成功,是难以在社会上立足的。只有在沟通中传递信息,在交流中相互学习,才能在工作中得以不断完善,做得更好。

二、教学设计与实施过程

本案例主要采用课堂讲授法、启发式教学法和互动式教学法。

课堂上将这几种教学方法相结合,以学生为主体、教师为主导,营造一种良好、平等的教学环境。在课堂开始后先通过回顾植物细胞的一般形态特征引出本节课所讲内容,接着用讲授法介绍植物细胞的组成和各组成部分的形态特征和功能。在介绍完细胞的组成后,进行总结,引入案例,并设置一个植物细胞是不是就像一个团队、细胞内的各个细胞器就像团队成员等一些问题,组织课堂讨论,激发学生主动探索的兴趣。根据学生的发言,给予正向的反馈,引导学生学习植物细胞的组成,让学生明白细胞内的各个组成部分各有分工,各自担负不同的生理功能,共同维持一个细胞的生命活动。了解一个植物细胞即是一个整体或一个团队,细胞的生理功能靠细胞内各组成部分相互配合、相互合作才能实现,进一步学习细胞内各组成部分之间的团队协作精神。通过案例拓展学生的思维,培养学生的情怀,增加学生的课堂体验感。

三、教学效果

1. 教学目标达成度

(1)通过讲述植物细胞各个组成部分的生理功能,加深学生对植物细胞组成和结构特点的认识。

(2)通过把一个植物细胞比作一个团队,细胞整个生理活动的良性运转是需要各个团队成员的团结协作完成的,较好地激发学生的团队协作精神。

2. 教师的反思 细胞是一个肉眼难以观察到的细微结构,学生对其结构、组成没有直观的认识。通过融入团队的概念,结合细胞示意图使学生对植物细胞的基本结构组成有一个更加清晰的认识,比单纯的理论讲授教学效果好。

3. 学生的反馈 通过把一个植物细胞形象地比喻成一个团队,更加容易理解细胞的基本结构组成和各组成部分的形态特征和功能。

第三章 植物组织

由来源相同、形态结构相似、功能相同的细胞群构成组织。植物都有细胞,但并不是所有的植物都具有组织,只有从蕨类植物开始的高等植物体内才有了组织的分化。根据功能把组织分为分生组织、薄壁组织、保护组织、机械组织、输导组织和分泌组织。

分生组织主要位于根尖、茎尖、正在发育的部位。其主要功能是通过分裂增加细胞的数量,影响植物的加长、加粗生长。通过提问为什么韭菜能割了一茬又一茬、花生为什么能入土结实、小麦、玉米倒伏后为什么还能重新站立起来,让学生明白分生组织存在的位置和功能,激发学生进行积极思考,培养学生发现问题、解决问题,服务生产实践的能力。

薄壁组织,是植物体内的基本组织,对植物体起重要的光合、吸收、贮藏等生理功能。

保护组织位于植物体的表面,分为初生和次生保护组织,通过不同的形态对植物起保护作用。

机械组织主要起支撑作用,包括可以继续生长的厚角组织和不能继续生长的厚壁组织(纤维和石细胞)。纤维在植物体内往往呈纤维束存在以增强其机械支撑作用,培养学生团结就是力量的团队意识。输导组织分为由下向上运输水分和无机盐的木质部(导管、管胞)和由上向下运输有机营养物质的韧皮部(筛管、伴胞、筛胞)。分泌组织分为外部和内部分泌组织。罂粟的乳汁给我国人民带来巨大灾难,是毒品的主要来源,培养学生的爱国情怀。不同的组织结合在一起构成了更为复杂的复合组织如维管束。

这些组织在植物体内的存在部位和担负的功能不同,组织与组织之间相互合作,才能发挥更大的价值,培养学生的团结协作精神和集体意识。

一、教学目标

1. 知识目标
(1)归纳植物为什么要产生不同的组织。
(2)总结植物六大组织的类型、特点和功能。
(3)说出植物不同部位存在的植物组织类型。
2. 能力目标
(1)能判断哪些植物有组织,有何植物组织类型。

(2)具有鉴别植物组织类型的能力。

3. 思政目标　树立正确的价值观,培养学生的家国情怀、科学精神、文化素养、中医传统思维,重视人文关怀、职业道德及个人品格的提升,提升学生的专业自豪感和专业自信心。

二、相关知识板块的思政元素分析

1. 家国情怀(爱国主义、民族复兴)　由罂粟的乳汁制成的鸦片,给我国人民带来了巨大的灾难——鸦片战争。通过学习鸦片战争让学生明白"弱国无外交""落后就要挨打",从而激发学生的爱国主义、立志为中华民族的伟大复兴而努力学习的家国情怀。

2. 法治意识(法治观念、学法守法)　由罂粟科植物罂粟的乳汁晒干后制成的毒品给个人、家庭、社会安全均带来极大危害,令人深恶痛绝。通过学习毒品的危害和鉴别能力,提升学生的法治观念,要学法、守法。

3. 人文关怀(关爱他人、珍爱生命)　毒品具有上瘾性,一旦染毒很难戒掉。通过介绍毒品的危害,提升学生关爱他人、远离毒品、珍爱生命的意识。通过学习罂粟壳和乳汁的形态特征,增强学生识别毒品的能力,保持良好的生活习惯。

4. 职业道德(团结协作、爱岗敬业)　纤维细胞为增强其机械支撑能力,在植物体内常呈束存在,构成机械组织。这充分体现出一种人多力量大、团结就是力量的团队协作精神,进而引导学生在学习、生活、工作中,要善于互帮互助,发扬团队协作和集体主义精神。同时,植物纤维也是制造纸张的主要原材料,培养学生节约用纸的好习惯。不同组织的有机结合、相互协作、紧密联系,构成不同的植物器官,有效地完成整株植物的生命活动过程。不同组织间的相互协作和各组织的恪尽职守不仅仅体现出各组织的爱岗敬业,也表现出一种命运共同体的团队协作精神。

案例一　纤维——团结协作、节约用纸

一、案例

机械组织是指细胞壁发生不同程度加厚,起支持和巩固作用的一类成熟组织。按细胞形态和细胞壁增厚的方式不同,可分为厚角组织和厚壁组织。厚角组织是指细胞壁不均匀初生增厚而无次生壁,支持力较弱的一类机械组织,但不妨碍植物的生长。厚壁组织是细胞壁全面次生增厚,它的支持能力较厚角组织强,是植物主要的支持组织,虽细胞的支撑能力强,但成熟后常为死细胞。厚壁组织按细胞形态可分为纤维和石细胞。

纤维是两端尖斜、次生壁发达、细胞腔小的长梭形细胞。细胞壁加厚的成分主要是纤维素和木质素,壁上有少数纹孔。纤维细胞常单个存在,但纤维为了更好地增强其支撑能力,纤维细胞常彼此嵌插成束,以纤维束的形式存在于植物体内。只有这样才能支撑起高大的树干,这体现了人多力量大、团结就是力量。

纤维按其在植物体中分布和细胞壁特化程度不同,可分为木纤维和木质部外纤维,而木质部外纤维又常称韧皮纤维。木纤维为分布于被子植物木质部的纤维,较韧皮纤维短,长约 1 mm。木纤维的壁木化程度高,胞腔小,壁上具有各式具缘纹孔或裂隙状单纹孔,坚硬而无弹性,脆而易断,机械巩固较强。壁增厚程度随植物种类、生长部位和生长时期不同而异。如黄连、大戟、川乌、牛膝等根中有一些壁较薄的木纤维,而栎树、栗树的木纤维则强烈增厚。春季生长的木纤维壁较薄,而秋季生长的则较厚。一些植物的次生木质部具有的一种细胞细长、壁厚并具裂缝状单纹孔,纹孔较少,像韧皮纤维,常称韧型纤维,如沉香、檀香等的木纤维。

木质部外纤维指分布在木质部以外的纤维,包括皮层、髓部、韧皮部和维管束周围分布的纤维;常分布在韧皮部,也称韧皮纤维。这类纤维细胞多呈长纺锤形,细胞壁虽厚,但富含纤维素,木化程度低,坚韧而有弹性,纹孔较少,常呈缝隙状;横切面观呈圆形、长圆形或多角形等,壁常见同心纹层。不同植物的韧皮纤维长度不一,木化程度各异。部分藤本双子叶植物茎的皮层、髓部,常具环状排列的皮层纤维、环髓纤维或靠近维管束的环管纤维(又称周维纤维)等。

植物的纤维非常结实,所以人们从很早就开始从植物中提取纤维并加以利用。把植物纤维拧起来,可以做成绳子。把植物纤维零乱地打散,再把这些分散的纤维脱水烘干后,就得到了纸。如果取一张手帕纸,撕开,仔细观察其断面特征,会发现断面上会有一些小细毛,这就是植物纤维。而纤维主要存在于被子植物茎的木质部和韧皮部,所以需要砍伐大量的树木用于造纸。虽然说现在被称为无纸时代,但是我们身边其实到处都有纸的身影。没有纸,也就没有书本,没有工作用的资料。没有纸,连钞票都没有了。

我们的食物中也含有大量纤维,食用纤维有利于人的身体健康。虽然人体内没有分解和利用纤维的共生微生物,但人吃了含有纤维的食物后,会增加以植物纤维为食的乳酸菌、双歧杆菌等肠道有益菌的数量,从而改善肠道状态。此外,植物纤维还可以吸附有害物质,通过增加便量刺激肠道,达到通便、给肠道做大扫除的效果。所以,虽然植物纤维里面不包含营养,但依然可以调理我们的身体。因此,要多吃含纤维比较多的蔬菜,如茎秆类蔬菜,以利于身体健康。

二、教学设计与实施过程

本案例主要采用课堂讲授法、演示法、讨论法进行教学。

课堂上将这几种教学方法相结合,以学生为主体、教师为主导,营造一种良好、平等的教学环境。在课堂开始后先通过询问树木为什么能直立于地面等一些问题,引出本节课所讲内容,接着介绍机械组织的概念、类型和形态特征。在介绍纤维的存在方式时,引入案例,并设置生活中哪些是来自植物的纤维、纤维为什么要成束存在等一些问题,展开课堂讨论,激发学生主动探索的兴趣。根据学生的发言,给予正向的反馈,引导学生学习机械组织的形态特征、类型,了解纤维在植物体内的存在方式及其与人类衣食住行间的密切联系,进一步学习纤维的协作精神,养成节约用纸的习惯,拓展学生的思维,培养学生的情怀,增加学生的课堂体验感。

三、教学效果

1.教学目标达成度

(1)通过讲述纤维为增强其支撑作用,在植物体内常成束存在,培养学生互帮互助、团结协作的集体主义精神。

(2)通过讲述纤维与人类衣食住行的关系,激发学生探索植物纤维结构、形态特征的兴趣。

(3)通过讲述纤维与纸张的关系,培养学生节约用纸的习惯。

2. 教师的反思　通过融入植物纤维与人类生活中衣食住行的关系,很好地激发了学生探究其形态结构的学习兴趣,纤维原来就在我们身边。用撕取纸张的方式,更加清晰地展示纤维的形态结构特点。若结合实验课,让学生在显微镜下直观地观察纸张中的纤维,效果会更好。

3. 学生的反馈　纤维为什么有这么大的作用呢,主要与它的形态结构有关。这样就激发了学生探索纤维形态结构及存在植物的哪些部位的兴趣。

案例二　乳汁管——爱国主义、珍爱生命

一、案例

分泌组织是植物体中能产生分泌物质的有关细胞或特化细胞的组合结构。植物在长期的进化过程中,通过分泌一些次生代谢物质来抵御外来生物的危害。植物分泌的物质十分复杂,常见的有糖类、蜜汁、黏液、乳汁、盐类、树脂和挥发油等。分泌物质对植物体本身具有防治木材腐烂、促进伤口愈合、使昆虫拒食、排泄或分泌一些芳香物质吸引动物前来传粉等生理作用。植物产生分泌物的结构来源各异,形态多样,分布方式也不尽相同,有的以单个细胞分散在其他组织中,也有集中或特化成一定形态的结构。这些分泌组织根据分泌结构发生的部位和分泌物是否排出体外,分为外部分泌组织(如蜜腺、盐腺等)和内部分泌组织。内部分泌组织又根据组织的形态结构、分泌物的不同,分为分泌细胞、分泌道、乳汁管、分泌腔。

乳汁管为由一个或多个长管状的生活细胞组成并能分泌乳汁的管状结构,常可分支,是植物体内贮藏和运输营养物质的系统。乳汁管细胞的细胞质稀薄,常有多核,液泡中含有大量乳汁。乳汁常呈白色或乳白色,少数为黄色、橙色或红色。乳汁的成分很复杂,有橡胶、糖类、蛋白质、生物碱、苷类、酶、单宁等物质。按乳汁管的发育和结构可分为两种类型:①无节乳汁管,由一个细胞发育而成,随着植物的生长不断延长和分支,贯穿植物体内,长者可达数米,如夹竹桃科、萝藦科、桑科和大戟科大戟属等植物的乳汁管。②有节乳汁管,由许多长管状细胞连接而成,连接处的细胞壁溶解贯通,成为多核巨大的管道系统,乳汁管可分支或不分支,如菊科、桔梗科、罂粟科、旋花科等植物的乳汁管。

我们在采摘某些植物的花、叶或枝条的时候,常会看到从折断面流出一些汁液,这些汁液就是由植物体内的乳汁管分泌的。乳汁是常见的一种分泌物,哪些植物会分泌乳汁呢?桔梗科、萝藦科、菊科、罂粟科中的一些植物具有这一功能,比如杜仲白色的胶状乳汁、漆树的乳汁、橡胶树的乳汁。

罂粟科植物常含有乳汁,其乳汁中含有多种生物碱,吗啡等对中枢神经有兴奋、镇

痛、镇咳和催眠的作用。割取罂粟未成熟的果实流出的乳汁,凝固后就是鸦片,也就是我们俗称的"大烟"。

罂粟茎干及叶含有少量生物碱,成熟枯干后成为提取毒品海洛因的主要来源。长期应用海洛因容易成瘾,慢性中毒,严重危害身体。罂粟和大麻、古柯并称为三大毒品植物,所以罂粟还有一个名字叫"魔鬼之花"。吸食毒品,不仅给自己的身心健康造成危害,还给家庭带来灾难,给社会带来很大的安全隐患。有多少人因为吸食了毒品而妻离子散、家破人亡,所以我们要珍爱生命,远离毒品。

虽然我国在采取各种措施杜绝毒品来源,但仍有少数吸食者在深受其害。我们应如何杜绝毒品? 首先,要在思想上杜绝,懂得"吸毒一口,掉入虎口"的道理。树立正确的人生观,不盲目追求享受、寻求刺激、赶时髦;不结交有吸毒、贩毒的行为。如发现亲朋好友中有吸毒贩毒行为的人,一要劝阻,二要远离,三要报告公安机关;即使自己在不知情的情况下,被引诱、欺骗吸毒一次,也要珍惜自己的生命,不再吸第二次,更不要吸第三次。

其次,具备利用我们所学专业知识识别毒品的能力。鸦片本为白色粉末,但由于其氧化变为一种黑褐色膏状物,有一种特殊的呛人的气味,没有嗅过的人如果近闻,可受刺激不断地打喷嚏。仔细嗅之,其气味中包含蜜糖、烟叶及石灰水等杂味。从外观上识别,鸦片主要采自罂粟的果实。罂粟壳外形为枣核形,一头尖,另一头呈瓣冠状物。其壳体上往往有人为切割的多道刀痕。吃火锅时,如果看到类似罂粟壳的材料,就要当心了。

正因如此,我国对罂粟种植严加控制,除药用科研外,一律禁植。同时,教导学生每件事物都有其两面性,我们要合理利用罂粟的乳汁。

二、教学设计与实施过程

本案例主要采用课堂讲授法、现场演示法、启发式教学法和互动式教学法。

课堂上将这几种教学方法相结合,以学生为主体、教师为主导,营造一种良好、平等的教学环境。在课堂开始后,先通过现场演示法当堂折断一种具有乳汁的植物的幼嫩茎叶,展示植物乳汁的存在,激发学生的学习兴趣,引出本节课所讲内容。用课堂讲授法介绍植物分泌组织的类型和形态特征。在介绍乳汁管时引入案例,并设置哪些植物有乳汁、乳汁曾引起什么战争、乳汁与毒品具有什么联系、毒品有哪些危害等一系列问题,展开课堂讨论,激发学生主动探索的兴趣。根据学生的发言,给予正向的反馈,树立为中华民族的伟大复兴而努力学习的家国情怀。通过课堂互动式教学法讨论毒品的危害及如何杜绝毒品,引导学生树立珍爱生命、远离毒品的生活信念。通过案例拓展学生的思维,培养学生的家国情怀,增加学生的课堂体验感。

三、教学效果

1. 教学目标达成度

(1)通过讲述鸦片对人体的危害,对学生进行"珍爱生命,远离毒品"的健康教育。

(2)通过引导分析鸦片战争发生的原因和结果,使学生认识到"弱国无外交""落后就要挨打"的历史规律,从而激发学生立志为中华民族的伟大复兴而努力学习的家国情怀和责任担当。

(3)通过讲述识别毒品的基本技能,不仅激发学生了解罂粟果实(罂粟壳)形态特征的兴趣,还能增加学生的防毒本领。

2. 教师的反思　虽然学生听说过罂粟和毒品的关系,但多数学生不认识罂粟。通过这节课的学习,加深了学生对罂粟以及毒品的认识,特别是对罂粟壳的识别能力。

3. 学生的反馈　毒品害人害己,通过本节课的学习加深了大家对罂粟与毒品的认识,提升了学生远离毒品的意识。

案例三　植物的组织——爱岗敬业、团结协作

一、案例

植物组织是由许多来源相同的细胞经过分裂、生长和分化形成形态结构相似、生理功能相同而又彼此密切结合、相互联系的细胞组成的细胞群,也是植物器官构成的结构和功能的基本单位。植物组织是植物在长期适应环境过程中产生,并发展和完善的结构。单细胞和多细胞的低等植物无组织分化,它们的每一个细胞都能独立地完成全部生理功能。植物进化程度越高,其组织分化越明显,分工越细致,形态结构也越复杂。

根据组织发育程度、形态结构和功能不同,通常将植物组织分为六类:分生组织、薄壁组织、保护组织、机械组织、输导组织和分泌组织。

分生组织,是在植物体的一定部位,具有持续或周期性分裂能力的细胞群。分裂所产生的细胞排列紧密,无细胞间隙;细胞壁薄,细胞质浓厚,细胞体积较小,一般呈等径多面体,细胞核大。分生组织分裂出来的一小部分仍保持高度分裂的能力,大部分则陆续长大并分化为具有一定形态特征和生理功能的细胞,构成植物体的其他各种成熟组织,使器官得以伸长、加粗或新生。分生组织是产生和分化其他各种组织的基础,由于它的活动,使植物体不同于动物体和人体,可以终身增长。

薄壁组织又称为基本组织,在植物体内所占的比例最大,是植物体的重要组成部分。组成薄壁组织的细胞壁薄,液泡大,多有细胞间隙。薄壁组织在植物体内担负着吸收、同化、储藏、通气等营养功能。

保护组织是覆盖在植物体表面起保护作用的组织,由一层或数层细胞构成,其功能主要是避免水分过度散失,调节植物与环境的气体交换,抵御外界风雨和病虫害的侵袭,防止机械或化学的损伤。根据来源和形态结构不同,保护组织又分为初生保护组织——表皮和次生保护组织——木栓层。

机械组织是对植物起主要支撑和保护作用的组织。它有很强的抗压、抗张和抗曲挠的能力。植物之所以能有一定的硬度,枝干能挺立,树叶能平展,能经受狂风暴雨及其他外力的侵袭,都与这种组织的存在有关。根据细胞结构的不同,机械组织可分为厚角组织和厚壁组织两类。机械组织的共同特点是其细胞壁局部或全部加厚。

输导组织又名维管组织,是由多种组织形成的复合组织,是植物体中担负物质长途运输的主要组织,是高等植物(从蕨类植物才开始形成)特有的组织,其细胞呈管状并上

下连接,形成一个连续的运输通道。输导组织常与机械组织联合在一起组成束状,上下贯穿在植物体各个器官内。水分、无机盐及有机物的运输,植物体各部分之间经常进行的物质重新分配和转移,都要通过输导组织来进行。根据运输的物质不同,输导组织分为木质部和韧皮部。木质部是由木纤维、薄壁细胞、导管分子(被子植物)、管胞(裸子植物)组成的复合组织,承担着运输水和溶于水中的物质的功能。木质部运输的方向是单向的,由根部经茎到叶。木质部中除薄壁细胞和纤维外,还有两种有运输功能的细胞,即导管分子和管胞。韧皮部也是一种复合组织,包括筛管分子(被子植物)或筛胞(裸子植物)、伴胞、薄壁细胞、纤维等不同类型的细胞,承担着由上而下或各个方向运输有机物的功能。其中与运输有机物直接有关的是筛管分子或筛胞。

分泌组织是对含有分泌物、排泄物的组织与细胞的总称,由能分泌挥发油、树脂、蜜汁、乳汁等的细胞所组成。根据分泌组织分布在植物的体表还是植物体内,可分为外部分泌组织和内部分泌组织两大类。外部分泌组织位于植物的体表,其分泌物直接排出体外,如腺毛和蜜腺。内部分泌组织存在于植物体内,其分泌物贮存在细胞内或细胞间隙中。按其组成、形状和分泌物的不同,可分为分泌细胞、分泌腔、分泌道和乳汁管。

不同植物的同一组织具有不同的显微特征,同一植物的不同组织也具有不同的形态特征,并且行使着不同的功能。正是这些差异性的功能相互协调、相互配合、紧密联系,形成不同的器官,协同高效地完成植物体的整个生命活动过程,构建了植物命运共同体。

二、教学设计与实施过程

本案例主要采用课堂讲授法、比较法、启发式教学法和互动式教学法。

课堂上将这几种教学方法相结合,以学生为主体、教师为主导,营造一种良好、平等的教学环境。在课堂开始后,先通过课堂讲授法介绍植物组织的概念和类型,通过比较法比较各组织之间的异同,最后总结各组织相互结合构成一个器官,引入案例,引导学生认识到不同组织间通过有机结合、相互协同、紧密联系,才能形成器官,从而高效地完成植物体的整个生命活动过程,是一种命运共同体的体现,培养学生爱岗敬业、团结协作精神,拓展学生的思维,培养学生的情怀,增加学生的课堂体验感。

三、教学效果

1. 教学目标达成度

(1)通过讲述不同植物组织的特点和功能,强调分工协作,更容易理解不同组织的形态特征和功能,注重团队精神。

(2)通过不同组织的有机结合、相互协同、紧密联系,形成不同的器官,有效地完成植物体的整个生命活动过程,这是植物构建的命运共同体。

2. 教师的反思 药用植物组织的内容相对枯燥,很多细微或显微的结构需要借助显微镜才能观察,且结构细微,有些不容易区分。因此,如何更好地让学生掌握本章节的内容值得思考。在辅以思政要素下,还应多用具体的案例加以说明。

3. 学生的反馈 通过这节内容学习,学生们能较好地理解和掌握药用植物组织的功能,也建立了团队协作的精神,理解了分工合作的意义,加深了对命运共同体深刻内涵的理解。

第四章 植物器官——根

被子植物包括根、茎、叶、花、果实、种子六大器官。根、茎、叶为植物营养器官，担负着吸收、制造和储存营养物质的作用，在植物的生命周期中存在时间长，受环境影响大，形态特征常随环境不同而发生变化，因而形成各种变态器官。花、果实、种子为被子植物的繁殖器官，担负着繁殖后代的任务。器官形态构造是认识鉴别植物的基础。

植物的不同器官在形态结构和生理功能方面既各有特点又彼此联系和相互影响，体现了植物体的整体性、形态结构和生理功能的协调性，以及植物和环境的统一性。一株植物即是一个整体，需要各个器官在空间和时间上合理搭配、分工合作才能完成植物的生活史，这体现出各器官的团队协作精神和无私奉献精神。

根具有向地性、向湿性、无节、无芽、无叶、无花等特点。根是植物吸收水分和无机盐的营养器官，与其他器官的生长具有相互依赖、相互制约的生长相关性。因此，根深才能叶茂，人也一样，只有扎根向下、虚心向上才能获得成功。根还具有贮藏、巩固、繁殖、支持的功能。根据根的贮藏功能联系许多根类中药具有的滋补功效，培养学生的中医药思维。根根据生长位置分为定根、不定根。植株地下部分所有的根总称根系，分为直根系和须根系。根一般为圆柱形，但是根为适应不同环境条件形成具有不同功能的各种变态根（如贮藏根、支持根、气生根、攀援根、水生根和寄生根），在此可以融入根能根据环境改变自己，培养学生勇于克服困难的拼搏精神。根的内部显微构造包括根尖的构造、根的初生构造、根的次生构造和异常构造，在此可以融入结构与功能相统一的理念，让学生理解做人做事要循序渐进、量力而行。

一、教学目标

1. 知识目标

（1）掌握根系的概念、生理功能、类型，根的外部形态特征、变态类型。

（2）掌握根的内部显微结构特点。

（3）了解根的生理功能与其中药药效的联系。

2. 能力目标

（1）具有根据植物根的生理功能和生长环境联系其中药药效的能力。

(2)具有用准确的专业术语描述根外部形态特征和内部显微结构的基本技能。

3.思政目标　树立正确的价值观,培养学生的家国情怀、科学精神、文化素养、中医传统思维,重视人文关怀、职业道德及个人品格的提升,建立学生的专业自豪感。

二、相关知识板块的思政元素分析

1.中药传统文化(中医药思维、文化自信)　中药的功效是与其取材部位的生理功能和原植物的生长环境密切相关的。了解药材的来源部位及其生理功能,有助于学生树立正确的中医药思维。如多数根类药材是以其原植物的块根、肉质根等具有贮藏功能的变态根来入药的,这些贮藏根是植物为了来年或后代更好地生存而储备的营养物质,所以作为药材也多具有滋补作用。另外,由于根多生活于阴凉的土壤环境中,所以部分根类药材具有补阴的功效。通过联系中药法,帮助学生在以后的中药学学习过程中,不死记硬背药材的功效,而是能从其入药部位的生理功能和生长环境来推断其药性,提升学生的中医药思维,增强学生的文化自信和学习自信心。

2.人文关怀(关爱他人)　植物根为了更好地适应环境,常发生形态结构、功能上的变化,称为根的变态。日常生活中我们也常用"变态"一词来形容具有不正常心理或行为的人,是一种贬义词。通过学习根的变态机制,帮助学生认识到由于每个人生活的环境不同,性格、生活习惯都会有所不同,所以我们要善于理解、包容、关爱他人。但在面对一些心理问题严重的病人时,要远离并注意保护自己。

3.个人素养(为人处事)　根多数生长在土壤中,主要担负吸收水分和无机盐的功能,与植株地上部分的其他器官之间存在着相互依赖、相互制约的关系,表现出根深叶茂、本固枝荣的生长相关性。人也一样,不管做人还是做事,都要脚踏实地、扎根向下、虚心向上才能成功。

案例一　根的生理功能——中医药思维

一、案例

根是植物适应陆地生活环境的结构,也是植株吸收水分、无机盐以及固着植株的主要器官,通常生长在相对稳定的土壤环境中,具有向地性、向湿性和背光性。它能合成多种生理活性物质并调节植株生长发育,部分植物的根还能合成次生代谢产物,如烟草的根能合成烟碱,橡胶草的根能合成橡胶,银杏的根能合成银杏内酯等。根还具有支持、输导、贮藏和繁殖等功能,如何首乌肉质化膨大的根,既贮藏了大量的营养物质,又具有繁殖的功能。同时,植物的根也是人类食物和药物的重要来源。

约37%的中药植物是利用地下部位入药的,证明根类入药比较普遍。常见的中药如人参、党参、南沙参、北沙参、玄参、丹参、明党参、太子参、甘草、黄芪、当归、地黄、何首乌、白芍、麦冬均是用根,这些根类中药都有什么功效?它们均是滋补药物,大多数是补气、补血药,少数为补阴药,但少见或不见补阳药物。为什么?因为这与根所生长的环境有关。地下生长的贮藏根,常生长在阴凉之处,具有抵抗阴冷环境的生理特点。这样看来,阴阳也不是子虚乌有的了,也是一种真正的存在,只是人们不能直接感受到,但可间接感受到。

根类药材入药主要是利用根的贮藏功能,如麦冬的块根。麦冬为单子叶植物,根为须根,但须根的一部分可以加粗,形成块根,具有贮藏营养功能。其块根也是中药"麦冬"的来源,有滋阴之效。那麦冬在什么时间采收合适呢?因为块根贮存的营养是为了来年植物的生长做准备的,等到第二年生长开始后再采挖,块根内的营养物质被消耗掉了,也就没有药用价值了。麦冬块根的最佳采挖时间是在生长结束、块根储藏完营养而未消耗之前的这段时间。所以药材的采收要与植物的生长发育联系起来。

多数两年生植物的根往往会在第一年贮存营养物质以便第二年可以快速地生长,人们利用根来入药正是利用了根的贮藏功能,所以根类药材多具有滋补作用。通过介绍根的生理功能与药效和采收时期之间的关系,增强学生的中医药思维。

二、教学设计与实施过程

本案例主要采用课堂讲授法、比较法、举例法和问答法进行课堂教学。

课堂上将这几种教学方法相结合,以学生为主体、教师为主导,营造一种良好、平等的教学环境。在课堂开始后先通过提问,根对植物来说有哪些生理功能,引出本节课所讲内容,接着用课堂讲授法介绍根的生理功能。在介绍根的贮藏功能时,引入案例,并设置为什么根类中药多具有滋补功效、与根的生理功能有何联系、哪些植物的根可以入药等一些问题,展开课堂讨论,激发学生主动探索的兴趣。根据学生的发言,给予正向的反馈,引导学生学习根的生理功能及其药用价值。以麦冬为例,介绍根的贮藏功能与其作为药用植物的联系、植物的成药机制,拓展学生的中医药思维,增强学生对学习药用植物学是为中药生产服务的意识,培养学生的情怀,增加学生的课堂体验感。

三、教学效果

1. 教学目标达成度

(1)通过讲述根的贮藏功能及其入药后多具有滋补、补血、补气的功效,逐渐培养学生中药药效联系其生理功能的习惯,培养学生的中医药思维。

(2)通过讲述根一般生活在地下阴凉处,入药后具有补阴的功效,让学生意识到中药的药效与根所处的生长环境有关,培养学生学习药用植物要联系中药药性的学习习惯,加强对学生中医药思维的培养。

(3)通过讲述麦冬块根营养的贮藏周期与药材采收期的关系,药材有效成分的积累与植物的生长周期密切相关,培养学生服务生产实践的能力。

2. 教师的反思 学习效果很好,不仅能增强学生探究植物根形态、功能的兴趣,还能激发学生探究其中药药性的兴趣,为将来中药学的学习奠定很好的基础。

3. 学生的反馈 原来中药只不过是人类利用了植物自身的生理功能罢了,通过入药部位的生理功能和环境特点联系其中药药性,方便了对中药药性和功效的理解。

案例二　根系——扎根向下、虚心向上

一、案例

植株地下部分所有的根总称根系。依据根系的组成和形态特点可分为直根系和须根系。植物根据根系分布在土壤中的深浅,分为深根性植物和浅根性植物。根是植物的根基,是植物固着在土壤中的基础,是植物获得水分和矿质营养的主要器官,是植株地上部分生长的物质基础。根与茎相反,胚根萌芽之后在重力的作用下,具有向着重力方向生长的特性,称为向地性或负向重力性。由于根的主要功能是吸收水分和矿质营养,为了更好地担负其生理功能,为地上部分茎、叶、花、果实、种子的生长提供营养,根系会向着更深、更广、肥料充足的地方生长,进化出向地性、向水性、向化性等特性。

一株植物即是一个整体,植株各器官之间存在着相互依赖、相互制约的生长相关性。地下部分根系为地上部分提供水分和无机盐。而后面要学到的叶,是植物进行光合作用的器官,是植物获得有机营养的基础。植株的地上部分和地下部分之间存在相互依赖、相互制约的关系,只有地下部分生长得好,地上部分才能生长得好。"根深叶茂、本固枝荣"说的就是这个道理。

农业栽培上常说的"蹲苗",就是在植物的苗期要适当地控水控肥,促进根系的生长,使根长得深而广,才能减少后期的植株倒伏。如果根扎得不深,地上部分长得过旺,植株后期就容易倒伏。蹲苗就是为了协调根系与地上部分生长的相关性。因此,理论上的知识得有实践应用才能加深和巩固。

牛汉的诗歌《根》中写道:"我是根,一生一世在地下,默默地生长,向下,向下……沉甸甸的果实,注满了我的全部心血。"学习也是一样的,如药用植物学的学习是整体,人的知识结构也是整体。我们在学习知识时,要打好根基,一点一滴地增加,循序渐进,不要急于求成。在增加的过程中,首先要知道增加的知识来自某个整体中的局部,然后再明白,此知识组装到整体知识结构中的什么位置才能起到较好效果。

做任何事情都要打好根基。扎根需要时间,需要积蓄力量,需要不断努力,不断坚持,这个过程很难熬,可能会伴随着诸多痛苦,但它却可以让我们快速地成长起来。我们的学习过程也是靠一点一滴知识的积累,要做好学习规划,脚踏实地地扎根向下、虚心向上,不负时光,不负自己。只有这样才能像竹子一样,根扎得深、扎得稳,一旦破土而出,便以惊人的速度生长,这足以体现出厚积薄发的力量。

自然界的所有事物都有它的根基所在,"无源之水,无本之木"的哲学意义尽含其中。人的一生就像一棵树,只有向下扎根才能汲取更多养分,长成参天大树。进而培养学生扎根向下、虚心向上的人生观。

二、教学设计与实施过程

本案例主要采用课堂讲授法、类比法、启发式教学方法。

课堂上将这几种教学方法相结合,以学生为主体、教师为主导,营造一种良好、平等的教学环境。在课堂开始后先通过介绍根的生理功能和生长特性,再介绍根与其他器官之间的生长相关性,在介绍根与茎叶的生长相关性时,引入案例,并设置植物器官之间存在哪些相关性、植物地上部分和地下部分存在怎样的相互依赖性等一些问题,组织课堂讨论,激发学生主动探索的兴趣,根据学生的发言,给予正向的反馈。引导学生学习根与茎叶,即地下部分和地上部分之间的生长相关性,植物根与茎叶间的关系好比我们做人做事的道理,引导学生做任何事情都要打好根基,循序渐进,不能急于求成,培养学生扎根向下、虚心向上的人生价值观。通过类比法,介绍人体的各器官之间也存在着相互依存和相互依赖的关系,拓展学生的思维,鼓励学生生活中要养成和谐互助的健康生活理念,增加学生的课堂体验感。

三、教学效果

1. 教学目标达成度

(1)通过讲述根与植物其他部位之间的生长相关性,不仅加深学生对根生理功能、生长特性的理解,还能增强学生对做人做事中根基重要性的理解。

(2)通过讲授根对整株植物生长的重要性,增强学生对生活、学习中根基重要性的认识,培养学生扎根向下、虚心向上的人生价值观,较好地提升了学生为人处事的个人品格。

2. 教师的反思 应多列举一些生活中具体的例子,加深学生对根深叶茂、本固枝荣做人做事道理的理解。

3. 学生的反馈 做什么事情都要有一定的根基,不能急于求成,就像植物的"蹲苗"一样,要学会协调发展。

案例三 根的变态——顺境而生、关爱他人

一、案例

根是植物适应陆地生活环境的结构,也是植物吸收水分和无机盐,以及固着植株的主要器官。根的一般形态为圆柱形,有主根、侧根和纤维根之分。但是,在长期适应陆地生活环境变化的进化过程中,根的形态构造和生理功能发生了适应性变异,称为根的变态。这种变异能传给后代并成为这种植物的鉴别特征。

根的变态类型很多,有主根或须根肉质肥厚的肉质根,还有担负不同功能的支持根、呼吸根、寄生根等。

肉质根是指根的部分或全部肥厚肉质,具有丰富的贮藏组织并含有大量营养物质,也称贮藏根,主要包括主根变态而成的肉质直根和须根膨大发育而成的块根。肉质直根呈圆锥状,称圆锥根,如胡萝卜、白芷、桔梗的根;呈圆柱形,称圆柱根,如牛膝、丹参、甘草的根;肥大呈圆球形,称圆球根,如芜菁的根。一株植物只有一个肉质直根。块根是由不

定根或侧根变态而成的,同一植株上可有多个块根。侧根部分膨大成块根,如何首乌、甘薯和木薯等;侧根的一部分交替膨大呈念珠状,如巴戟天。不定根部分纺锤状膨大,称纺锤状根,如天门冬、麦冬、百部。顶端呈头状膨大,如闭鞘姜。

白萝卜和胡萝卜均是一种变态肉质直根,但是白萝卜和胡萝卜增厚的部位不同。白萝卜是根中木质部的细胞数量增多和膨大,而胡萝卜是由于根中韧皮部的细胞膨大形成的。因为木质部和韧皮部之间有形成层相分离,所以白萝卜可以剥皮吃,剥下的皮就是韧皮部,主要食用的是它膨大的木质部。而胡萝卜就不能剥皮吃,因为是韧皮部增厚膨大了,我们食用的主要是它的韧皮部。

白萝卜和胡萝卜均是二年生植物。第一年播种,第二年才开花结果,所以它为了第二年有足够的营养基础来开花结果实,提前储备了丰富的营养物质以供来年开花结果所需。植物的这种未雨绸缪的生存本领也值得借鉴。我们做任何事情都要做好充足的准备,才能加大成功的概率。所以根不管是食用还是药用均是利用根的这种储藏功能。

同化根是指根含有叶绿素而呈绿色,具有同化二氧化碳的能力,也能进行固着及吸水。如川苔草科和热带的一些附生的菊科植物。

支持根(支柱根)是指由下部茎节发出,支持茎的不定根。小型支持根常见于薏苡、甘蔗、玉米等禾本科植物,而较大型的支持根见于露兜树属和榕树。如榕树从茎枝生出许多不定根,垂直向下到达地面后伸入土壤,因次生生长而形成粗大的木质支持根,起支持和呼吸作用,并以此方式扩展树冠而呈现"独木成林"的景观。

攀缘根(附着根)主要是指藤本植物的茎藤上长出具有攀附作用的不定根。例如薜荔、络石、常春藤等具有攀附作用的不定根。

寄生根是寄生植物从寄主吸收营养物质的根状特化器官,也称吸器。特化的小根侵入寄主体木质部,并吸收水分和无机营养物质,如半寄生的槲寄生属和桑寄生属植物;或者侵入寄主体韧皮部中,获得光合作用的产物,如全寄生植物菟丝子和列当等。

气生根是指暴露在空气中的不定根,能从潮湿的空气中吸收和贮藏水分。如石斛、吊兰、榕树等暴露在空气中的根。

水生根是指水生植物漂浮在水中呈须状的根,如浮萍、雨久花等。

附生根是指附贴在木本植物树皮上,并从树皮缝隙吸收水分的不定根。其表面具有多层厚壁死细胞组成的根被,可储存水分供内部组织用,内部细胞常含有叶绿素,有一定光合作用能力。多见于热带雨林中的兰科、天南星科植物。

呼吸根是指在沼泽地区或海岸低处生长的植物,如红树、水龙、落羽松等根系中的部分根向上生长,露出地面进行呼吸,其外部有呼吸孔,内部有发达的通气组织,有利于通气和贮存气体,以适应土壤的缺氧状况,维持植物正常生活。

对植物而言,变态是植物为了适应环境而做出的改变。人也一样,生活中会遇到各种顺境和逆境,要学会在顺境中生活,逆境中成长。日常生活中,我们常用"变态"一词来形容一个人言行举止的不正常表现,往往是贬义的。由于每个人的生长环境、家庭环境不同,造成了不同的性格差异。大家来到一个新的学习环境,一些人心理上或多或少都有一些问题,这也是自我保护的一种表现,所以要善于包容和理解他人。

二、教学设计与实施过程

本案例主要采用课堂讲授法、演示法、讨论法和类比法进行教学。

课堂上将这几种教学方法相结合,以学生为主体、教师为主导,营造一种良好、平等的教学环境。在课堂开始后先通过白萝卜或胡萝卜的例子引出本节课所讲内容,接着用课堂讲授法、比较法介绍根的变态类型。通过现场演示横切或纵切白萝卜和胡萝卜,让学生直观形象地理解根的内部显微结构,是哪些部位发生了肉质增厚。在介绍根发生变态的原因时,引入案例,并设置我们生活中是否也经常提到"变态"一词来形容人的性格等一些问题,展开课堂讨论,激发学生主动探索的兴趣。根据学生的发言,给予正向的反馈,引导学生学习根变态的类型和各类型的特征,了解根发生变态的原因,进一步引导学生也要善于改变自己,才能更好地适应生活、工作环境,才能获得更多的工作机会,而不被淘汰。通过类比人的变态,拓展学生的思维,引导学生理解、尊重他人性格上的差异,培养学生逆境中成长的生活态度,增加学生的课堂体验感。

三、教学效果

1. 教学目标达成度

(1)通过学习白萝卜和胡萝卜是根的一种变态类型,是为适应环境而做出的积极改变,是一种积极的生活态度,针对我们常形容一个人心理问题的"变态"一词,教导学生要对一些有心理问题的学生给予一定的包容和理解,要给予特别的关照,而不能给予有差别的对待。但对于问题特别严重的,我们也要懂得保护自己。学会在顺境中生活,逆境中成长。

(2)通过介绍白萝卜或胡萝卜的肉质直根是为其来年开花结实而提前储备营养物质的特点,培养学生未雨绸缪的习惯。

(3)通过介绍根的生理功能、生长环境与中药功效的关系,培养学生的中医药思维。

2. 教师的反思 这部分可融入的思政元素较多,如何巧妙地融入,需要根据自己的实际情况、学生的特点,用一些事例、实物来进行讲授,这样才更生动,并能引发学生思考。

3. 学生的反馈 萝卜很常见,教师结合专业知识详细介绍白萝卜和胡萝卜在构造上的区别,不仅加深了对理论知识的认识,同时适时融入思政元素,启发学生对植物适应环境与人适应环境的思考。

第五章 植物器官——茎

植物的茎比根复杂得多,茎上具有节、节间、顶芽和腋芽、叶痕、托叶痕、芽鳞痕和皮孔等特征。节上生有腋芽和叶,芽可以生长成主茎和侧枝。侧枝一般生于节上,但也有节外生枝的现象,培养学生随机应变、为人处事的能力。茎具有支持、输导、贮藏等生理功能。根据茎木质化程度,把茎分为木质茎和草质茎。木质茎植物分为乔木、灌木、木质藤木。草质茎植物根据生长年限又分为一年生、二年生、多年生草本植物。多年生草本植物每年地上部分枯萎,地下部分保持生命力,融入生命自强不息的精神。根据生长习性,茎又分为直立茎、缠绕茎、攀缘茎、匍匐茎,不同植物的攀援结构不同,融入植物善于因势而上的能力。茎为适应环境,发生变态,包括地上茎的变态(叶状茎或叶状枝,刺状茎或枝刺,茎卷须,小块茎,小鳞茎,肉质茎)和地下茎的变态(根茎或根状茎,块茎,球茎,鳞茎)。植物茎的顶芽保持顶端生长能力,使茎不断伸长,树木不断长高。茎的次生生长使茎不断加粗。植物茎的内部构造遵循着结构与功能的统一性原则。

一、教学目标

1. 知识目标
(1)掌握植物茎的生理功能、类型、外部形态特征、变态类型。
(2)掌握茎的内部显微结构特征。
(3)熟悉不同植物茎内部显微结构上的差异。
2. 能力目标
(1)具有根据茎的生理功能和生长环境联系其中药药性的能力。
(2)具有能用准确的专业术语描述茎外部形态特征和内部显微结构的基本技能。
3. 思政目标　树立正确的价值观,培养学生的家国情怀、科学精神、文化素养、中医传统思维,重视人文关怀、职业道德及个人素养的提升,建立学生的专业自豪感。

二、相关知识板块的思政元素分析

1. 人文关怀(奋斗精神、拼搏精神)　草本植物的茎具有不同生活习性,一些多年生宿根草本植物每年在不良环境来临前,地上部分枯萎死亡,而地下部分仍保持生命力,来年环境适宜时又萌发出新的地上部分,表现出顽强的生命力,进而培养学生面对困难、面对挫折时的拼搏精神。同时植物茎为了更好地展叶,进化出各种攀缘结构,来借助他物的力量向高处生长,培养学生善于利用各种资源来强大自己,具有顺势而上的生存能力。

2. 个人素养(为人处事)　正常情况下,植物的侧枝由侧芽发育而成,着生在节上,称为节上生枝。但有少数植物的侧枝可以着生在节间上,属于节外生枝。生活中也常说不要管闲事,免得节外生枝,带来不好的结果。但是每件事的发生都有其道理,正如植物的节外生枝一样,如何应对这些节外生枝的事情,考验的是一个人随机应变的能力、反应能力,进而培养学生为人处事的能力。

案例一　茎的形成与组成——为人处事

一、案例

植物的茎一般呈圆柱形。有些植物的茎呈方形,如唇形科植物薄荷、紫苏等;或三棱形,如莎草科植物荆三棱、香附等;或扁平形,如仙人掌;或多棱形,如芹菜等。茎常为实心,也有些植物的茎具髓腔而中空,如芹菜、胡萝卜、南瓜等;而稻、麦、竹等禾本科植物茎的节间中空,节是实心,且节和节间明显。茎的特殊形状和特征是植物重要的鉴别依据。

茎的形态大小和习性尽管千差万别,但其基本组成相似。茎的顶端有顶芽,叶腋有腋芽,茎上着生叶和腋芽的部位称节,节与节之间称节间;在叶着生处,叶柄和茎之间的夹角称为叶腋。节与节间、顶芽、腋芽是茎有别于根的主要形态特征。

腋芽可以萌发为侧枝、花或叶。所以,侧枝一般着生在节上,叫作节上生枝。鼓励学生下课后到校园里去观察一下,是不是所有植物的叶腋里都有芽,这些芽将来长成新的枝条,或者将来发展成花。或许还会发现,一个植株上并不是所有的芽都能萌发,不萌发的芽称为休眠芽。休眠芽是植物度过不良环境,保存活力的一种生命形式,以备不时之需。一旦环境合适,休眠芽即可萌发成枝条。所以,树木被从靠近地面处锯掉之后,往往在树桩上萌发出很多枝条,这些枝条均是由休眠芽萌发而成。

栀子的侧枝长在什么位置呢? 节上还是节间? 栀子的有些枝条着生在节间,而不是在节上,这就是节外生枝。节外生枝是在栀子上很常见的一种现象。生活中只要认真观察,总能发现一些不一样的东西。

日常生活中,人们经常用"节外生枝"比喻不按常理、不符合规则事情的发生。有时候家长常常劝导我们不要去管闲事,以免节外生枝,惹上不必要的麻烦。但这一词很少用在植物学上,因为我们常常忽略了这一不常见的特殊情况。那么在植物学上如何解释节外生枝呢? 其实是由于茎内的维管束和腋芽的维管束愈合在一起,并在茎内延伸了一小段,然后再分开,这就成了大名鼎鼎的"节外生枝"。所以从植物学的角度看,这是一个简单的然而并不多见的生长现象。

节外生枝往往形容不好事情的发生,但真的是这样吗? 我们在日常的学习、工作中经常为了落实某件事,而事先制定详细的学习计划、工作计划,但也难免会出现一些意外的情况。如面对课堂中始料不及的学生的想法,有的教师只是蜻蜓点水式的回答,或避而不谈。实际上理想的课堂是充满生命活力与激情的,教师作为学习的引领者,在精心设计教学过程的同时也要留给学生自由发展的空间。面对课堂中的种种意外回答,教师应机智地引导和应对,让课堂因"节外生枝"而精彩。同理,在生活中也要机智地应对各种突发状况,具有随机应变的能力。

俗话说"竹本无心,奈何节外生枝"。这就说明了一个道理,如同人一样,如果内心太过空白浅薄,就会在无形之间造成很多麻烦事,给自己招来横祸。所以,我们要好好学习,扩大自己的知识面,才能从容面对各种"节外生枝"的突发情况。

二、教学设计与实施过程

本案例主要采用课堂讲授法、举例法、实物教学法。

课堂上将这几种教学方法相结合,以学生为主体、教师为主导,营造一种良好、平等的教学环境。在课堂开始后先通过课堂讲授介绍茎的一般形态特征,在介绍侧枝的着生位置时,引入案例,用实物举例法,让学生观察栀子侧枝的着生位置,并设置栀子的枝条着生位置是节还是节间等一些问题,展开课堂讨论,激发学生主动探索的兴趣。根据学生的发言,给予正向的反馈,引导学生学习侧枝着生位置的一般情况和特殊情况,了解栀子节外生枝的原因,引导学生认识到每种特殊情况的发生都有其存在的道理,生活、工作中也要从容面对各种"节外生枝"的情况,拓展学生的思维,培养学生的情怀,增加学生的课堂体验感。

三、教学效果

1. 教学目标达成度

(1)通过"节外生枝"这一成语的介绍,让学生掌握了茎的外部形态特征、什么是节和节间、侧枝的发生位置,提升学生认真观察的学习态度。

(2)通过日常生活中常出现的"节外生枝"的例子,培养学生应对节外生枝的情况时随机应变的能力。

2. 教师的反思　通过对比"节上生枝"和"节外生枝",使学生更好地理解植物侧枝着生位置的普遍性和特殊性特征,较好地提升了学生应对突发事件的能力。

3. 学生的反馈　原来"节外生枝"是这么来的啊。节外生枝也并不是都指不好的事情。

案例二　攀援茎——顺势而为

一、案例

茎的生理功能是为了将叶舒展在一定的空间内,以便进行光合作用制造养料。所以植物茎进化出多种生长类型:有能力的往上长,形成直立茎。无能力的钻入地下往周围长,形成根状茎。有些植物的茎自己不能直立,而采取投机取巧的方法攀附他物向上生长成攀缘茎或缠绕茎等,可谓八仙过海,各显神通。所以,茎的生长习性是植物长期适应环境进化的结果。

根据茎的生长习性,把茎分为直立茎、匍匐茎、缠绕茎、攀缘茎。直立茎是指茎不依附他物而直立于地面,如紫苏、杜仲、松等。匍匐茎是指茎细长,平卧地面,沿地表面蔓延生长,节上生有不定根,如连钱草、积雪草、红薯等;如果节上不产生不定根则称平卧茎,如蒺藜、地锦。缠绕茎是指茎缠绕于其他物体上,如五味子属植物的茎呈顺时针方向缠绕,牵牛、马兜铃呈逆时针方向缠绕,何首乌、猕猴桃则无一定规律。攀缘茎是指借助于茎、叶的变态器官攀缘依附在其他物体上,如栝楼、葡萄的攀缘结构是茎卷须,豌豆是叶卷须,爬山虎是吸盘,钩藤、葎草分别是钩、刺,络石、薜荔是不定根。攀缘茎植物是利用不同的攀缘结构,借它物力量而向上生长的一种藤本植物。如田间地头、路边等处常见的桑科植物葎草,不小心碰到它,常会在我们的皮肤上留下一道道血口。葎草为什么容易拉伤我们的皮肤?是因为它的茎自身不能直立生长,茎上具有很多倒生刺,利用这种倒生的刺攀缘他物才能向上生长。

再比如大家熟悉的攀缘植物——爬山虎。爬山虎是一种靠蔓来伸展的"蔓生植物",靠藤蔓的快速生长来占领空间资源。依靠着其他的植物或是支柱攀爬的蔓生植物,不像一般直立的植物那样,需要靠自己的茎站立起来。所以蔓生植物的茎无须发育得很挺拔,而把生长的重点放到了茎的延伸上,使茎向更远处伸展。蔓生植物无法靠自己站立起来,只能攀附在其他植物上,那爬山虎是靠什么吸附在岩壁或墙壁上的呢?在爬山虎的茎上生有一种特殊的攀援结构——吸盘。爬山虎正是靠吸盘牢固地吸附在它物上,向上攀援。

除此之外,不同的植物在长期的进化过程中,演化出各种各样的攀缘结构。五加科植物常春藤从茎部生长出来的吸附根上,也有着吸盘。它们靠着吸盘上分泌出来的黏液,粘在其他植物或岩壁、墙壁上。黄瓜等瓜类植物是腋芽变态成了卷须缠绕其他物体生长。植物的卷须,一旦接触到了什么物体,顶端就会变卷,呈螺旋状卷曲,把自身的植物体拉过来。这种螺旋状的卷须就像弹簧一样,平缓地将植物体固定住。如果仔细观察的话,还会发现,这种螺旋状的卷须在中途还会反转方向。其实,这样做是为了在被外力拉扯的情况下,可以保持紧紧地缠绕,不容易被扯散。可见,这些藤蔓植物费了很多心思,终于实现了一边缠绕着或攀缘着其他物体,一边迅速地生长的小目标。

植物为了生存都能巧借它物力量而为之,以此培养学生善于借助他人、他物的力量强大自己,具有顺势而为、乘势而上的能力。

二、教学设计与实施过程

本案例主要采用举例法、比较法、实物教学法、启发式教学方法。

课堂上将这几种教学方法相结合,以学生为主体,教师为主导,营造一种良好、平等的教学环境。在课堂开始后先通过一些实物例子,引出本节课所讲内容,接着介绍茎的类型。在介绍攀缘茎时,通过列举具有不同攀缘结构的植物,引入案例,并设置哪些植物的茎不能直立但又能长得很高,葎草、爬山虎为什么能向上攀缘生长等一些问题,展开课堂讨论,激发学生主动探索的兴趣,根据学生的发言,给予正向的反馈。引导学生学习不同植物的攀缘结构,了解攀缘茎的发生是植物适应环境的一种方式,是一种生存智慧,进一步培养学生善于借助他人、他物的力量强大自己,具有顺势而为的为人处事能力,拓展学生的思维,培养学生的情怀,增加学生的课堂体验感。

三、教学效果

1. 教学目标达成度

(1)通过展示不同攀援植物的攀援结构,让学生深刻理解植物的生存智慧。

(2)激发学生善于借助他人的力量来强大自己。具有顺势而为的能力,才能获得更多生存机会。

2. 教师的反思　具有攀援结构的植物很多,列举学生熟悉的例子,结合图片或实物,能很好地加深学生对攀援结构及攀缘茎的理解。

3. 学生的反馈　植物好聪明。

案例三　多年生草本植物——拼搏精神

一、案例

茎是植物的重要营养器官之一,下接根,上接叶、花和果实,主要起支持和输导作用。茎一般生长于地面以上,也有些植物的茎生长在地下,如姜、黄精、藕等。有些植物的茎极短,叶呈莲座状,如蒲公英、车前等。

茎的生长习性是植物长期适应环境进化的结果。根据茎的性质,常将植物分为木本植物、草本植物和半灌木。

木本植物是指茎的木质部发达,质地较坚硬,寿命长,其茎也称木质茎。主要有乔木和灌木2种。乔木的植株高大,主干明显,下部不分枝,如厚朴、杜仲;灌木的主干不明显,常近基部分枝,呈丛生状,高不及5 m,如夹竹桃、枸杞、连翘等。

草本植物是指茎的木质部不发达,质地柔嫩,寿命短,其茎称草质茎。常分3种类型:生活周期在1年内的植物,称一年生草本,如红花、马齿苋。生活周期跨2个年份的植物,称二年生草本,如白菜、萝卜。植株的地下部分或整个植株能生活多年,每年都能发芽生长的植物,称多年生草本。多年生草本中,地上部分死亡,而地下部分仍保持活力的类型称宿根草本,如人参、黄连、桔梗、黄精等;植物体保持常绿不凋的类型称为常绿草本,如麦冬、万年青等。此外,有些植物的茎,质地柔软多汁,肉质肥厚,称肉质茎,如芦荟、仙人掌、垂盆草等。

多年生宿根草本植物每年地上部分枯萎,地下具有贮存营养、保持生命力的根系或根茎,来年又可长出地上部分。为什么这些植物能年年生长呢?这是因为植物在长期的进化过程中,为了适应不良的环境条件,如温带的冬季或热带的夏季,进化出来了一种生存本领。这些植物的地下部分变态为块根、根状茎、鳞茎、球茎等富含营养物质的营养器官,为来年的萌发储备物质和能量。能量储备完成后,即可等待时机,蓄势待发,环境条件一旦满足其萌发需求,即可萌发出新的地上部分。

唐代诗人白居易的《赋得古原草送别》写道:"离离原上草,一岁一枯荣。野火烧不尽,春风吹又生。"写出古原上野草秋枯春荣、岁岁循环、生生不息的规律,描写的不正是多年生宿根草本植物的生长特点吗?野草的特性就是具有顽强的生命力,它是斩不尽锄不绝的,只要残存一点根须,来年就能重新发芽,很快蔓延原野。那"离离原上草"正是胜利的旗帜,烈火再猛,也无奈那深藏地底的根须,不管烈火怎样无情地焚烧,一旦春风化雨,又是遍地青青的野草,极为形象生动地表现了这些多年生宿根草本植物顽强的生命力。

一株小草即使已经枯萎,也一直坚强着不愿轻易倒下。当温暖的春风吹来时,枯草逢春就会再生,并在阳光雨露下茁壮成长,长成一片茂盛的草原。人也应该保持一种乐观豁达的态度,在遇到失败与挫折时绝不轻言放弃,具有与一切困难做斗争的勇气,坚信自己,定会迎来属于自己的春天。

二、教学设计与实施过程

本案例主要采取课堂讲授法、实物教学法、讨论法和启发法等教学方法。

课堂上将这几种教学方法相结合,以学生为主体、教师为主导,营造一种良好、平等的教学环境。在课堂开始后先通过回顾茎的生理功能,引出本节课所讲内容,接着介绍茎的生长习性和类型。在介绍多年生草本植物时,引入案例,并设置为什么多年生草本植物能年年生长等一些问题,展开课堂讨论,激发学生主动探索的兴趣,根据学生的发言,给予正向的反馈。引导学生学习植物茎的生长习性,了解宿根草本植物顽强的生命力,进一步引导学生认识到生活或学习中的失败与挫折带给人们的不只是失望,它同时也给人们带来烈火中重生的机会。在人生的道路上,摔倒了躺在地上无论怎样呻吟或后悔终究无济于事,勇敢地站起来才有新的希望!其实人的生命力远强于野草,一个人只要不自暴自弃,就不会缺少重新站起来的机会。进而培养学生的拼搏精神,拓展学生的思维,培养学生的情怀,增加学生的课堂体验感。

三、教学效果

1. 教学目标达成度

(1)用一首学生熟悉的诗,形象生动地表达宿根草本植物的生长习性,不仅增加了学生对宿根草本植物的认识,还较好地激发了学生勇于和困难作斗争的拼搏精神。

(2)通过学习不同植物茎生长习性的特点,加深学生对茎生理功能的认识和对各种类型茎特征的理解。

2. 教师的反思　此思政点融入形象生动,简洁明了,学生容易理解和接受。

3. 学生的反馈　要向小草学习,学习它顽强的生命力,学习它与环境做斗争的拼搏精神,学习它适应环境、随机应变的生存本领。

第六章 植物器官——叶

叶是植物进行光合作用,制造有机养分的绿色扁平的营养器官,也是气体交换和蒸腾作用以及促进植物吸收、运输和分配水分、矿物质元素的重要器官。此外,叶还具有吸收、繁殖和储藏作用。根据叶的不同特性,叶可用作蔬菜、药物、工业原料,可用于净化环境空气和减轻"温室效应",或一些彩叶植物作观赏植物。植物叶一般为绿色,但是会随着发育阶段、环境的变化而改变,借此培养学生发现问题、解决问题的能力。植物在长期自然选择过程中,叶的形态、结构特征和功能均表现出丰富的多样性,具有较大的分类学价值。叶由叶原基生长分化而来,一枚叶一般由托叶、叶柄和叶片三部分组成。但不同植物叶的组成变化多样,分为完全叶和不完全叶。叶各组成部分的形态特征具有多样性,可以作为分类的依据。叶的形态特征可分别从叶形(全形)、叶端、叶基、叶缘、叶裂、叶脉、质地等多方面进行描述。叶的形态随着环境、生长部位、发育阶段而具有多样性,体现出世界的多样性和统一性,融入天生我才必有用的观点。叶可分为单叶和复叶。叶为使资源利用最大化,在茎枝上常按一定方式排列形成叶序,具有叶镶嵌现象,借此培养学生谦让的个人品格。叶或为适应环境表现出异形叶性,或为担负其它的生理功能形成变态叶,借此融入学无止境的观点。叶在内部构造上一般由上下表皮、叶肉组织、海绵组织和叶脉几部分组成。一片叶从叶芽萌发开始到衰老脱落,其一生都在为植株的生长奉献自己,借此培养学生的无私奉献精神。

一、教学目标

1. 知识目标
(1)掌握叶的生理功能、组成、类型、外部形态特征和内部显微结构。
(2)熟悉描述叶形态特征的专业术语、名词。
(3)了解叶的生长发育过程。
2. 能力目标
(1)具有根据叶的生理功能和生长环境联系其中药药性的能力。
(2)具有能用准确的专业术语描述植物叶外部形态特征的基本技能。
3. 思政目标　树立正确的价值观,培养学生的家国情怀、科学精神、文化素养、中医传统思维,重视人文关怀、职业道德及个人品格的提升,建立学生的专业自豪感。

二、相关知识板块的思政元素分析

1. 家国情怀(奉献精神)　叶从萌芽开始到衰老脱落,一生都在辛苦的工作,为植株的其他器官制造有机营养,培养学生的无私奉献精神。温带的落叶树木,一到秋季,忙碌工作一生的叶片即将完成它的使命而衰老脱落,老叶与新叶的交替出现体现出植物叶片的一种奉献不息、奋斗不止、自我革新的精神。不同植物叶的形态特征不同,即使同一植株的叶形也会随着环境、发育阶段、生长部位的不同而不同,正如人一样,社会中每个人的性格、能力千差万别,但都有自己的存在价值,培养学生"天生我材必有用"的理性信念,提升学生的自信心和社会责任感。

2. 人文关怀(拼搏精神)　植物的叶多为绿色,但到了秋季,一些植物的叶子为抵抗寒冷的到来,会变黄或变红,不同植物叶颜色变化的机制不同,培养学生的观察能力和对逆境的拼搏精神。叶的形态会随着发育阶段、年龄、环境的不同而不同。叶形的多样性、叶的变态是植物适应环境的一种表现,反映了植物对环境的适应性及协同进化,符合达尔文生物进化中"适者生存"的自然选择原理,也蕴含着"自然和谐"的生态美和"穷则变,变则通,通则久"的人生哲理,借此培养学生具有战胜困难的拼搏精神。人也一样,会遇到各种顺境和逆境,要勇敢面对不同的生存环境而做出适当的改变,学习不断强大自己,做到学无止境。

3. 职业道德(忠于职守、团结协作、爱岗敬业)　植物叶片的主要功能是进行光合作用,其为了更好接受光照,在枝条上常按照一定的方式进行排列,形成叶镶嵌现象。叶镶嵌可使资源利用最大化,产生更大的能量,这是一种相互谦让的团队协作精神。通过学习植物的叶镶嵌现象,培养学生在生活或工作中要懂得相互谦让,懂得团结协作。"红花还需绿叶衬",提示社会分工无贵贱,基层工作也是一项伟大的事业,培养学生忠于职守、爱岗敬业的职业素养。

案例一　叶色——拼搏精神

一、案例

叶是植物进行光合作用,制造有机营养的主要器官。叶的颜色常随植物种类、发育阶段、环境的不同而不同。植物的叶常因含有较多叶绿素而呈绿色。但一些植物的叶到秋季就会变红如黄栌,或变黄如银杏。而石楠的叶是新叶为红色,老叶为绿色。植物的颜色常是由于细胞内含有叶绿素、叶黄素、类胡萝卜素或可溶于水的花青素造成的。正常情况下叶内的叶绿色与类胡萝卜素的比例为3∶1,所以叶一般呈现绿色。但是到了秋季,因叶绿素易受到破坏,而类胡萝卜素比较稳定,所以就呈现出类胡萝卜的黄色。

到了秋天,绿色的树叶就会变成鲜艳的黄色或是红色。尤其是秋天的红叶,甚是美丽,有"霜叶红于二月花"的美誉。但是,为什么夏天的时候还是绿色的叶子,到了秋天就完全变成了另外一种颜色呢? 这其中,隐藏了一个关于叶子的悲伤的故事。

对植物来说,叶是进行光合作用的一个非常重要的器官。植物的叶,相当于一个"生产工厂"。在阳光充足、气温炎热的夏季,植物的叶子可以十分旺盛地进行光合作用,并生产出糖分。到了秋季,凉爽的秋风悄悄地刮了起来,太阳光日益减弱,白天的时间也一天天的变短,光合作用的效率越来越低,糖的生产效率也渐渐低了下来。紧接着进入了寒冷的冬天,不仅无法进行光合作用,呼吸作用还要继续消耗掉不少的糖分。怎么办?有些植物会干脆将变为包袱的叶舍弃掉。植物在叶的叶柄靠近茎的地方,形成一个不让水分和营养成分通过的区域,这个区域被称为"离层"。也就是说,植物将不再为叶提供任何的水分或是营养成分。但是作为生产工厂的叶,就算是水分和营养成分的供给断绝了,叶也会用手头上仅剩的水分和营养成分一边维持自己的生存一边继续进行光合作用。但由于离层的存在,生产出来的糖分无法送到根、茎内,这样就被储存在了叶里。最后,这些糖分形成了一种叫作花青素的色素,能使植物细胞呈现红色的一种色素。对植物来说,因这种花青素是水溶性的,可以增加细胞液的浓度,能在水分不足或寒冷气温的情况下减轻植物的紧张程度,增加植物的抗逆性。

叶,这个被"总公司"抛弃,然后在水分不足、低温寒冷的情况下生产糖分,也许正是在拼命地自救谋求生存,力争延长自己的生命吧。但是就算如此努力坚持,叶的生命周期也是有极限的。叶绿素最终被低温破坏掉,叶失去了原有的绿色,就会使储存在叶中的红色花青素变得格外显眼,逐渐展现出红色。叶颜色的变化是植物对环境的无声抵抗,也预示着叶的生命即将结束。

植物为了抵抗水分不足和严寒而生产出来的物质,为什么会是红色的呢?红叶虽然极具观赏性,但他们绝不是为了饱人眼福才变成红色的。正是因为花青素可以吸收紫外线、可以增强细胞的渗透压,防治水分结冰、还具有抗氧化作用。所以花青素是一种多功能物质,是只能待在原地一动不动的植物为了抵抗环境生成的一种保护性物质。

石楠刚长出的嫩叶为什么是红色呢?长成之后又变为绿色,又蕴含着什么生存机制呢?植物为适应环境而做出颜色上的改变,是一种自然的存在。但还有很多彩叶植物是人们专门培育出的观赏植物。如红叶杨,一年四季都保持红叶。这些彩叶植物形成的机制各不相同,有的是由于病毒侵染,有的是由于遗传或生理上的变化所造成。

逆境与抗逆性是植物与环境长期斗争的体现。人在生活和学习的过程中也会遇到各种逆境或不顺心的事情,不如像植物一样勇敢地、积极地来面对逆境,否则将会被逆境打败。

二、教学设计与实施过程

本案例主要采用课堂讲授法、举例法、课堂讨论法等教学方法。

课堂采用这几种教学方法相结合,以学生为主体,教师为主导,营造一种良好、平等的教学环境。在课堂开始后先通过讨论植物叶的颜色有哪些,引出本节课所讲内容,接着介绍植物叶的生理功能和颜色,在介绍植物叶颜色时,引入案例,并设置植物的叶为什么到秋季会变红或变黄,彩叶植物是如何形成的等一些问题,展开课堂讨论,激发学生主动探索的兴趣,根据学生的发言,给予正向的反馈,引导学生学习植物叶颜色的多样性,了解植物叶颜色变化的机制及其与环境适应的关系,进一步学习植物的生存智慧,培养学生与困难作斗争的拼搏精神。最后,通过举例一些供观赏的彩叶植物的形成机制,培养学生的创新精神和科研探索精神,拓展学生的思维,培养学生的情怀,增加学生的课堂体验感。

三、教学效果

1. 教学目标达成度

(1)通过植物叶色的变化联系其对环境的适应,较好地激发了学生积极面对困难、挫折的拼搏精神。

(2)通过介绍彩叶植物的研究现状和形成机制,激发学生的科研探索兴趣。

2. 教师的反思　彩叶植物有些是自然形成的,有些是人工培育专门用来观赏的,多引入一些由不同原因形成的彩叶植物,激发学生的学习兴趣。

3. 学生的反馈　很好地解释了植物叶色变化的原因,学习了植物的生存智慧。

案例二　叶的变态——顺境而生、学无止境

一、案例

叶是植物进行光合作用的营养器官。叶是植物完全暴露在空气中面积最大,受环境影响时间长,响应环境变化比较敏感且可塑性大的一个器官。植物生长需要一定的环境,而植物器官的形态结构特征,也常常随其生活环境中的水分、光照、温度和CO_2浓度等条件而变化。

叶作为植物的营养器官,在环境中生存的时间比较长,受环境的影响比较大。环境变化常导致叶在形态结构特征和生理功能上发生变化,形成叶的变态。叶的变态种类很多,常见有下列几种类型。

苞片指生于花或花序下面的变态叶。其中,着生在花序外围或下面的苞片称总苞片;花序中每朵小花花柄上或花萼下的苞片称小苞片。苞片常较叶小,绿色,也有的大而呈其它颜色。例如,向日葵等菊科植物花序外围的总苞常由多数绿色的总苞片组成;鱼腥草花序基部的总苞则由4枚白色花瓣状的总苞片组成;半夏、马蹄莲等天南星科植物花序外常有1枚大型的总苞片,称佛焰苞。

我国的特有树种——珙桐,因其花下面有一对白色的人型苞片,像花瓣一样,而真正的花瓣却很不起眼,这一对白色的苞片远远看去就像鸽子的翅膀一样,因此珙桐又称"鸽子花树"。珙桐是千万年前新生代第三纪留下的孑遗植物,堪称"植物界活化石"。但是珙桐曾经几乎灭绝,后来经过人工培育才得以留存下来,目前是国家一级重点保护野生植物,成为"植物界大熊猫"。借此培养学生的资源保护意识和科研探索精神。

鳞叶指特化或退化成鳞片状的变态叶。有肉质和膜质两类,肉质鳞叶肥厚,能贮藏营养物质,如百合、贝母、洋葱等鳞茎上的肥厚鳞叶;膜质鳞叶菲薄,常不呈绿色,如麻黄的叶、洋葱鳞茎外层包被,以及慈姑、荸荠球茎上的鳞叶等。此外,木本植物的冬芽(鳞芽)外亦具褐色膜质鳞叶,起保护作用。

叶刺是指叶片或托叶变态成刺状。例如，小檗、刺槐、酸枣等的托叶变态成刺；仙人掌类植物的叶退化成刺；枸骨上叶片的刺则由叶缘变成。

叶卷须是指叶全部或部分变成卷须，借以攀缘他物。例如，豌豆羽状复叶上部的小叶变成卷须，菝葜托叶变成卷须。

捕虫叶是指捕虫植物的叶常变态成盘状、瓶状或囊状以利于捕食昆虫。其上有许多能分泌消化液的腺毛或腺体，当昆虫触及时能感应并立即自动闭合，将昆虫捕获而被消化液所消化，如猪笼草、捕蝇草等。

叶的形态特征是最能体现植物适应环境变化的器官之一。棕榈、芭蕉等热带雨林植物叶片大，多呈圆形、椭圆形或盾形，以接收更多的阳光进行光合作用，同时又能增强水分的蒸发，降低叶面温度；仙人掌等热带沙漠生活的植物的叶片退化成针状，以此减少水分的散失而适应干旱的环境。可见通过自身的改变以适应环境是生物生存发展的基本策略，是达尔文生物进化中"物竞天择，适者生存"的自然选择。而"穷则思变"则是这一生物法则在人类社会活动中的表现。植物叶的变态使其与环境更加协调，符合也蕴含着"自然和谐"的生态美和"穷则变，变则通，通则久"的人生哲理。一个人不管在哪里都需要与环境协调适应，努力提升自己适应所处环境的人生观。面对科技快速发展的今天，我们也要做到不断改进自己的学习方法、获取知识的手段，做到与环境相适应，学无止境。

当今我们正生活在高科技迅速发展的时代，信息技术的发展对人们学习知识、掌握知识、运用知识提出了新的挑战。由于计算机技术和网络技术的应用，人们的学习速度在不断加快，也就是说从数字处理时代到微机时代，到网络化时代，学习速度越来越快，需要学习的内容越来越多，这就要求我们的学习模式、方式和手段也要改变。比如现在流行的智慧教学、线上或线上线下混合教学，如果你没一定的计算机技术，你可能无法完成教学要求。另外，现在网络诈骗手段五花八门，如果跟不上科技信息的发展，你可能无法分辨这些层出不穷的诈骗信息而上当受骗。

人类正是通过终身学习，不断提升自己适应社会发展变化的能力，学会适应工作和学习环境，学会与他人相处，坚持学无止境。当我们面对困境时，是否也能像植物一样，适当地做出调整，从不同的角度入手是不是就可以解决难题了。

二、教学设计与实施过程

本案例主要采用课堂讲授法、举例法、实物教学法、启发式教学方法。

课堂采用这几种教学方法相结合，以学生为主体，教师为主导，营造一种良好、轻松的教学环境。在课堂开始后先通过回顾根、茎的变态及类型，引出本节课所讲内容，接着介绍叶的生理功能、变态类型和特征。在介绍叶的变态类型——苞片时，引入国家一级保护植物珙桐，并设置珙桐为什么被称为"鸽子树"的讨论，激发学生的学习兴趣，引导学生学习苞片的形态特征，了解珙桐的野生资源概况，培养学生的资源保护意识和科研探索精神。通过了解植物叶的不同变态类型，引导学生认识到叶之所以发生变态均是为了更好地适应环境，为了更好地生存下去，符合达尔文"物竞天择，适者生存"的自然生存法则，鼓励学生在面对新的工作环境、工作要求时也要适当地改变自己，具有顺境而生的本领，做到学无止境。

三、教学效果

1. 教学目标达成度

(1)本节课通过教学内容的讲授与课堂上启发式与互动式的教学,帮助学生掌握常见的叶变态类型,了解叶发生变态的机制。

(2)通过介绍植物叶的变态是植物为了适应环境而做出的改变,是一种生存智慧时融入相对应思政元素,很好地激发了学生对"穷则变,变则通,通则久"的人生哲理的理解。培养学生的科研探索精神,提高学生主动钻研能力。

(3)通过课堂讨论与提问的方式,实时掌握学生对基本概念、专业术语的理解程度,引导学生深入思考,教学目标达成度较高。

2. 教师的反思　本节课通过引导学生对叶变态与环境适应间的关系进行探讨,发现互动式的教学能够提高学生的课堂参与度,更能激发学生对课堂的热情,使学生在掌握基本知识的基础上,树立正确的价值观,获得更好的发展,要做好这一点就需要提前对课堂探讨内容进行设计与构思,同时在教学活动过程中要注意所讲授内容是否能够引起学生的兴趣,并应给予学生主动思考的时间与空间。叶的变态类型很多,都是植物为了生存而改变自己的一种方式。列举哪些例子,采用哪种融入途径,才能更好地激发学生的生存本领,应根据学生的认知情况来实施。

3. 学生的反馈　原来仙人掌的刺是叶变态而成的,是为了适应干旱环境而发生的变态,很好地激发了学生学习的主动性和积极性。

案例三　叶镶嵌——团结协作、为人处事

一、案例

植物的叶是进行光合作用的营养器官。叶为了更好发挥其功能,在茎枝上常按一定的方式进行排列形成叶序。常见的叶序类型有以下几种。

互生:指每节上只着生1枚叶,连续的叶排列成螺旋状,如桃、柳、桑等。对生:指每节上相对着生2枚叶,相邻两对叶在茎两侧平行排列成二列状,称迭生,如女贞、水杉;或相邻两对叶排列成十字形,称交互对生,如薄荷、龙胆。轮生:指每节上着生3枚或3枚以上的叶,如夹竹桃、轮叶沙参等。簇生:指3枚或3枚以上的叶着生在节间极度缩短的侧生短枝上,如银杏、枸杞、落叶松等。

叶无论以哪种叶序在茎枝上进行排列,相邻两节的叶都不重叠,彼此成相当的角度镶嵌着生,这种现象叫叶镶嵌。叶镶嵌使叶片不致相互遮盖,有利于充分接受阳光进行光合作用,如常春藤、爬山虎、烟草等。此外,叶均匀排列也使茎各侧受力均衡。

叶镶嵌是植物为了资源利用最大化,是充分利用空间资源的一种体现。不同植物采取不同的镶嵌方式。一般是通过下面叶的叶柄较上面叶的叶柄长,这样就可以避免相互遮盖;或者通过叶片大小的不同;或通过叶的缺刻、叶柄的扭曲变化等,使叶在空间进行

合理的布局和搭配,从而使全部叶片均能以最大面积接受阳光,以提高整株植物的光合效率。同时,由于各节叶的着生方向、排列角度的不同,使同一枝条上的叶不至于互相遮挡重叠。

叶镶嵌也出现在节间短、叶簇生在茎上的植物,如白菜、萝卜、蒲公英和莴苣等。这些植物的叶虽然生长很密集,但都以一定的角度彼此嵌生,并且下部的叶柄较长,上部的叶柄较短,从顶上看下去,成明显的镶嵌形状。从植株的顶面看去,叶镶嵌的现象格外清楚,特别是节间极短而有较多的叶簇生在茎上的种类,叶镶嵌现象特别明显,如烟草、车前、蒲公英等。

植物生长中为了整体而调节局部并相互谦让的现象,体现出我国"谦""仁"的优秀传统文化精神。人与人之间的谦让是中华民族的传统美德。在生活中,现代社会的竞争不仅取决于人才素质高低,还取决于人才之间的团结协作。因此,团队精神是当今信息时代的核心竞争力。团队小到一个小组,一个宿舍、一个班级,大到一个国家,只有团队内部建立合作意识、集体荣誉意识,个体积极融入集体,才能建立有效的合作,形成强大的力量,推动团队的发展。同时也才能借助团队之力,更好地成就自己。借此培养学生在日常生活中要懂得谦让、团结协作才能更好发挥个人的才能,壮大团体的力量,具有团体协作精神和集体意识。

二、教学设计与实施过程

本案例主要采用课堂讲授法、实物教学法、课堂讨论法和启发式等教学方法。

课堂采用这几种教学方法相结合,以学生为主体,教师为主导,营造一种良好、平等的教学环境。在课堂开始后先通过回顾叶的主要生理功能,引出本节课所讲内容,接着介绍叶序的概念和类型。在介绍叶镶嵌时,以实物或照片的形式举例不同的叶序类型,让学生观察不同叶序间的异同点?引入案例,并设置植物叶为什么要这样进行排列,这样排列有何生理意义等一些问题,展开课堂讨论,激发学生主动探索的兴趣,根据学生的发言,给予正向的反馈,引导学生学习叶镶嵌的生理意义,了解植物生长中为了整体而调节局部并相互谦让的现象,体现出我国"谦""仁"的优秀传统文化,拓展学生的思维,培养学生的团结协作精神,增加学生的课堂体验感。

三、教学效果

1. 教学目标达成度

(1)通过讲述叶镶嵌是植物与环境协同进化的结果,是为了兼顾彼此,使资源利用最大化,培养学生在日常生活中也要懂得谦让,具有团结互助的团队精神和集体意识。

(2)叶的有序排列,花、果实的有序形成,秋收冬藏、叶落归根是植物生长的自然规律。让学生体会做人也是一样的,我们做人做事,都要尊重事物发展的自然规律。

2. 教师的反思　叶镶嵌的道理很好理解,如何融入,融入途径需要每个老师根据自己的理解去讲授。

3. 学生的反馈　植物的叶之间都能相互谦让,人与人之间不更应该相互谦让吗?少一点私心,更有利于团体和个人的发展。

案例四　落叶——无私奉献

一、案例

叶是由叶原基生长分化而来。芽形成和生长时，在生长锥的亚顶端，周缘分生组织的外层细胞不断分裂，形成侧生的突起，这些突起是叶分化发育的起点，称叶原基。叶原基首先进行顶端生长、伸长形成圆柱状的结构称叶轴，它是尚未分化的叶柄和叶片。具有托叶或叶鞘的植物，叶原基上部发育形成叶轴，叶原基基部的细胞发育早、分裂快分化形成托叶或叶鞘，包围上部叶轴起到保护作用。在叶轴伸长的同时，叶轴两侧边缘的细胞开始分裂进行边缘生长，而使叶轴变宽，形成具有背腹性的、扁平的叶片或叶片与托叶的雏形。复叶则通过边缘生长形成多数小叶片，没有进行边缘生长的叶轴部分分化为叶柄，当幼叶叶片展开时叶柄才随之迅速伸长，最终发育成为成熟叶。

叶是植物进行光合作用的主要器官，是植物生长获得有机营养物质的主要来源。温带的树木，每到秋季来临，树叶就会变黄，然后脱落。落叶是植物为适应冬季寒冷环境做出的一种适应，是一种生命现象。

一片叶从春季叶芽萌发开始到冬季来临前枯萎脱落，其一生都在辛苦劳作，为整株植物的生长贡献自己的力量。叶通过光合作用，为树木提供生长所必需的养分，为人类提供氧气，直到自然脱落掉在地上然后又被分解重新回到大自然中，为自己的后代奉献自己的力量。树木落叶是为了减少叶片的水分蒸腾和呼吸消耗，把能量储备在芽、茎和根中，以便植株抵抗冬季的严寒。

叶在其整个生活期间都在不辞辛苦的工作，白天光合、夜间呼吸、风餐露宿、日夜不停地操劳，为其他器官的生长发育，为整株植物的生长提供有机营养，体现出一种任劳任怨的无私奉献精神。就像一个家庭中父母与孩子的关系一样。父母的一生都在为孩子的生活、学习、工作、家庭而奋斗，对孩子的爱是无私的，为孩子的成长提供充分的物质条件。如果父母教育得好，孩子就懂事、听话，回报给父母好的成绩。如果父母教育得不好，孩子学习就差，学习态度有问题。所以父母与孩子之间就像叶与枝干之间是存在相互依赖的关系。虽然父母的爱是无私的，但也不能溺爱孩子，孩子也要理解父母，懂得感恩父母。

落叶是温带树木适应环境的一种自然表现，叶的自然脱落象征着叶的舍生取义、舍己为人的无私奉献精神。每个人都有自己存在的价值，如果我们每一个人都尽自己最大的努力去为我们的团队、集体和社会贡献自己的力量，我们的社会一定会更加繁荣昌盛，正所谓众人拾柴火焰高。

叶片脱落表示其不能再继续为植株制造营养，但是落叶又化作肥料丰富大地，营养树根。正如一句诗所写："落红不是无情物，化作春泥更护花"，不正是体现了落叶的无私奉献精神。

老叶和新叶的交替，体现着一种奉献不息、奋斗不止、自我革新的精神。人就如一片叶，在默默地为家庭、社会、国家贡献自己的力量，我们每个人都要有这种无私奉献的精神，要像叶片一样具有牺牲小我的精神。一个人自我的牺牲成就的将是更为丰硕的收获和长远的发展。叶落归根的生理现象是对个人修养的最大赞美和期许。

二、教学设计与实施过程

本案例主要采取课堂讲授法、问答互动式、启发式等教学方法。

课堂采用这几种教学方法相结合,以学生为主体,教师为主导,营造一种良好、平等的教学环境。在课堂开始后先通过回顾叶的生理功能,引出本节课所讲内容,接着介绍叶的生长发育过程,在介绍落叶时,引入案例,并设置叶辛不辛苦,叶为什么要如此辛苦,叶为什么要在冬季来临前脱落等一些问题,展开课堂讨论,激发学生主动探索的兴趣,由被动的"我学"转为主动的"要学",根据学生的发言,给予正向的反馈,引导学生学习叶的发育过程。了解落叶对植物生存的意义,进一步学习落叶的无私奉献精神和牺牲精神,拓展学生的思维,培养学生的情怀,增加学生的课堂体验感。

三、教学效果

1. 教学目标达成度

(1)通过讲述叶一生的不辞辛苦和无私奉献,不仅让学生很好地掌握了植物叶的生长活动规律,也很好地激发了学生的奉献精神。

(2)通过举例叶对植株的无私奉献就好比辛苦操劳的母亲对孩子无私的爱,激发学生体会、理解父母的爱和付出,懂得感恩。

2. 教师的反思　落叶与奉献精神如何融合才能触动学生的心灵。通过把树叶比作辛苦工作的母亲,通过把树叶的生理功能比作一种奉献精神、一种无私的母爱,学生感触比较多,思政教育效果较好。

3. 学生的反馈　很受触动,一片小小的叶子竟然蕴含着这么大的能量,这么高的道德价值。

案例五　叶的形态——辩证统一的哲学观

一、案例

叶的形态变化多样。叶的大小、形态和组成常因植物种类不同而异,变化较大,其差异主要表现在叶形、叶端、叶基、叶缘、叶脉和脉序、叶片分裂状况、叶片质地和叶片表面附属物等方面。尽管不同植物的叶形态差异较大,但同种植物的叶形状与大小相对稳定,可作为植物的鉴别特征。

叶和小叶的形态常指叶片轮廓的几何形状,并按长宽比例及最宽的位置来确定。叶的基本形状有针形、条形(线形)、披针形、椭圆形、卵形、心形、肾形、圆形、剑形、盾形、带形、箭形、戟形等。此外,还有一些特殊的形态,如蓝桉呈镰刀形、杠板归呈三角形、菱呈菱形、车前呈匙形、银杏呈扇形、葱呈管形、秋海棠呈偏斜形等。如果叶不是典型的几何形状,描述时常用"长""广""倒"等加以说明,如长圆形、倒卵形、广卵形等。

叶端常见的形状有圆形、钝形、截形、急尖、渐尖、渐狭、尾状、芒尖、短尖、微凹、微缺、倒心形等。

叶基常见的形状有楔形、钝形、圆形、心形、耳形、箭形、戟形、截形、渐狭、偏斜、盾形、穿茎、抱茎等。

虽然不同植物的叶形差异较大,但同种植物叶的外形很相似。德国哲学家莱布尼茨说过"世界上没有完全相同的两片树叶"。所以植物叶形具有多样性和差异普遍性。虽然同种植物的叶形很相似,但由于发育阶段、生长部位和所处环境的不同,每一片叶在形态上也会有所差异。就像人一样,世界上没有两个完全长得一样的人。

不同植物的叶形各不相同,说明了什么呢?说明了世界具有多样性。虽然叶的形态各不相同,但它们都是"叶",都具有叶的基本结构特征,又说明了世界具有统一性。而不同的叶之间存在形态上的差异,体现了变异是具有普遍性的。从哲学的角度看,揭示了哲学关于世界统一性和多样性关系的原理。统一的物质世界以多种多样的形式存在和发展。组成物质世界的丰富多彩的不同个体各有其特殊性,但事物与事物之间又有着普遍的联系,存在着许多共性。世界的统一性和多样性是有机的统一,不可割裂。

植物叶形的多样性和普遍性,反映了矛盾的普遍性(同一律)与特殊性(相异律)、个性与共性的关系。正如每个人都是社会中独有的一份子,都有自己的发光之处,不要攀比、不要羡慕别人,要对自己、对社会主义制度有信心,帮助学生树立"天生我材必有用"的人生理念。

二、教学设计与实施过程

本案例主要采取课堂讲授法结合实物法、互动法等进行教学。

课堂采用这几种教学方法相结合,以学生为主体,教师为主导,营造一种良好、平等的教学环境。在课堂开始后先通过提问叶的形状都有哪些,引出本节课所讲内容,接着介绍叶的形态、描述方法等,在介绍叶形时引入案例,并设置世界上有没有完全相同的两片树叶等一些问题,展开课堂讨论,激发学生主动探索的兴趣,引导学生学习描述常见的叶形,了解叶形的多样性,进一步引导学生学习世界统一性和多样性的辩证统一的哲学观点,拓展学生的思维,培养学生"天生我材必有用"的理念,增加学生的课堂体验感。

三、教学效果

1. 教学目标达成度

(1)通过讲授植物叶形的多样性和统一性,让学生明白植物的叶形会随着环境、生长部位、发育阶段而发生变化,但都是为了更好地适应环境,更好地发挥自己的价值。

(2)通过讲述"天生我材必有用"的道理,让学生明白每个人都有自己的存在价值,要对自己,对社会主义制度有信心。

2. 教师的反思　"天生我材必有用"的道理很好理解,但与植物叶形的多样性及叶的生理功能联系起来,学生觉得很新颖,容易接受,既能加深对植物叶形多样化的认识,又能培养学生的自信心。

3. 学生的反馈　融入途径很恰当,既学习了知识又增强了对"天生我材必有用"的道理的理解。

第七章 植物器官——花

植物开花是为了繁殖后代,是植物适应生殖功能的变态短枝,担负着繁殖后代的任务。一朵花由哪几部分组成,各组成部分之间应如何分工合作、精巧搭配才能高效完成如此重任,这就需要花的各组成部分的团结协作和无私奉献。同时,花的组成和特征具有种间特异性和种内稳定性的特点,因此,花是鉴定药用植物种类的重要器官。一朵典型的花,一般由花梗、花托、花萼、花冠、雄蕊群、雌蕊群这六部分组成。花最下面、与茎相连的部分称为花梗,起支持和输导作用。植物的花梗一般呈绿色的圆柱形,但粗细、长短不一。花梗也称为花柄,在果期就变为了果柄。花梗上端膨大凸起的部分称为花托,花的其他部分均着生在这个花托上。不同植物的花托,形状差异很大。花最外面的一轮称为花萼,一般为绿色,具有光合和保护幼花的作用。花萼里面的一轮称为花冠,常呈现不同的颜色或香味,来引诱传粉昆虫,协助花蕊顺利完成授粉受精。花萼和花冠主要起到保护里面的花蕊和引诱昆虫传粉的作用,二者合成为花被。一枚雄蕊由花丝和花药两部分组成,花药能产生花粉释放出精子。雌蕊是由基部膨大的子房,中间的花柱,顶端稍微膨大的柱头三部分组成的。柱头是接受花粉的地方,花柱起输导和支持作用,子房中有胚囊和卵细胞,在授粉受精后便可以发育成种子。受精后子房膨大发育成果实。雄蕊和雌蕊合称花蕊,分别是花中的雄性和雄性部分,也是花中最重要的部分,位于花的最核心位置。

花萼和花冠成熟并展开即为花开,花萼和花冠脱落即为花谢。在花开花谢之间,花就完成了其传粉受精的使命,取而代之的就是果实和种子的发育。

一、教学目标

1. 知识目标

(1)掌握花、花序的概念、组成、形态特征、类型、花程式。

(2)熟悉不同花序类型间的异同点。

(3)了解花粉粒和胚囊的发育过程。

2.能力目标

(1)具有根据花的生理功能和生长环境联系其中药药性的能力。

(2)具有能用准确的专业术语描述植物花的组成及各组成部分形态特征的基本技能。

3.思政目标　树立正确的价值观,培养学生的家国情怀、科学精神、文化素养、中医药传统思维,重视人文关怀、职业道德及个人品格的提升,建立学生的专业自豪感。

二、相关知识板块的思政元素分析

1.家国情怀(无私奉献)　一朵花中的花萼和花冠常呈现出不同的形态、颜色、香味,这些特征均是植物为了更好地来引诱传粉昆虫的道具,是为花粉的传播提供帮助的,借此培养学生的无私奉献精神。

2.人文关怀(拼搏精神)　植物的每一个生长特性都是其长期适应环境的结果,如落花生为什么选择地上开花,地下结实,是长期适应干旱环境的结果,是对不良环境抵抗的一种表现,进而培养学生面对困难时的拼搏精神。

3.职业道德(团结协作、爱岗敬业、服务农业)　种子植物在长期与环境协同进化的过程中形成了各具特色的花。因此,花的形态特征是鉴定药用植物种类和花类药材的重要依据。名贵药材西红花来自鸢尾科植物番红花的柱头,通过讲解番红花的柱头具有哪些特征之后,增强学生对西红花真伪优劣的鉴别能力,提高学生服务农业生产的实践能力和专业自信。药材红花的采摘时间与红花的开放时间和颜色的变化有密切关系,了解红花的颜色变化与其采摘时间的关系,提升学生指导红花适时采摘的服务技能。

一朵花的各组成部分通过分工合作、精巧搭配、齐心协力地去完成花作为生殖器官的使命,培养学生爱岗敬业、团结协作的团队精神。

案例一　植物开花——探索精神、服务生产

一、案例

花儿到底为谁开?哪些植物会开花?

日常生活中,人们会给喜欢的异性送玫瑰花束;会在花坛里种植漂亮的花卉;会在墓碑前,以鲜花祭奠表达对亲人的思念。但是植物是为了人类才绽放美丽的花朵的吗?当然,用作园艺观赏的改良花朵确实是按照人类喜好的颜色和形态绽放。但是野生植物的花朵,却并不是为了供人类观赏而绽放的。

那么植物究竟是为了谁而绽放花朵的呢?

花是种子植物花芽发育而成的特有繁殖器官。植物从种子萌发开始,首先进行根、茎、叶等营养器官的生长,称营养生长;当营养生长到一定时期以后,在适宜的外部条件和生理条件下,茎尖开始分化形成花芽,以后开花、传粉、受精并形成果实和种子等过程,

称生殖生长。

苔藓植物、蕨类植物、藻类植物等低等植物没有花,种子植物才有花。裸子植物的花构造原始且简单,无花被,单性,簇拥呈球花状,称雄球花或雌球花。被子植物的花高度进化,构造复杂,形式多样,多朵花有序排列形成花序。花的形态构造特征较其他器官稳定,变异较小,且其形态、大小、颜色和组成因植物种类而异,并能反映植物之间的亲缘关系,所以是植物分类鉴定的重要依据。花在形态、组成、颜色和味道上的变化无非是为了更好地完成其作为生殖器官的使命。

花还具有极高的食用价值,如金针菜、西兰花、花椰菜、蒜苔、韭花等都是以花为主要食用部位的。蒜薹是大蒜尚未开放的花序,人们主要食用的是它的总花梗,也叫花葶。种植大蒜时为什么要抽蒜薹,不抽对大蒜的产量有什么影响？人们种植大蒜是以收获大蒜的鳞茎(营养器官)为目的的,而蒜薹为生殖器官。考虑到生殖生长和营养生长的相关性,如果不把蒜薹抽出来,大蒜将会开花结实,鳞茎中的营养物质都将向花、果实、种子中转移。随着种子的成熟,鳞茎中的营养物质将会消耗殆尽,严重影响鳞茎的产量。所以,蒜薹市场行情不好的年份,蒜农免费让人抽蒜薹,就是为了不让大蒜开花结实,只让大蒜进行营养生长,来提高鳞茎的产量和品质。但是,如果是为了收获种子,不但不能抽蒜薹,还要创造有利于其开花结实的条件。所以做任何事情都要有明确目标,根据自己的目的采取不同的处理方法。

花还具有较高药用价值,如菊花、旋覆花、款冬花等以花序入药,洋金花、红花、金莲花等使用开放的花入药,辛夷、金银花、丁香、槐米等以花蕾入药,而莲房是花托、莲须是雄蕊、玉米须是花柱、番红花是柱头、松花粉和蒲黄是花粉来入药。

可见植物开花不论是对植物自身的繁殖,还是对人类的食用、药用都具有重要作用。所以,在游玩赏花时,特别是到保护区时,不要随意采摘,要具有保护环境的意识和热爱大自然、热爱生活的情怀。

二、教学设计与实施过程

本案例主要采用启发式教学法和讨论互动式教学法。

课堂采用这两种教学方法相结合,以学生为主体,教师为主导,营造一种良好、平等的教学环境。课堂开始后先通过讨论植物开花到底是为谁开,哪些植物有花的问题,引出本节课的主要内容,重点讲述花的生理功能,让学生明白花对植物生长的重要性。接着组织课堂讨论花对人类具有哪些应用价值,启发学生深入思考花的食用和药用价值,引入种植大蒜为什么需要抽蒜薹的案例,进一步激发学生主动探索花作为生殖器官的兴趣,培养学生的科学探索、实践精神和用理论知识服务农业的本领。最后,根据花的重要性,引导学生具有保护环境的意识和热爱大自然、热爱生活的情怀。

三、教学效果

1. 教学目标达成度

(1)通过讲述花形态的多样性与其生理功能间的关系,很好地激发学生探索花形态特征的兴趣,提高了学生的学习积极性和主动性。

(2)通过讲授花的应用价值,不仅加深学生对花生理功能的认识,还能激发学生对花应用价值的探索和创新,提升了学生的环境保护意识和热爱大自然的情怀。

2. 教师的反思　课堂上应找一些典型的实物来展示花对植物和人类的重要性,吸引学生的注意力和学习兴趣。思政融入时应更加巧妙和隐蔽,不能为思政而思政。

3. 学生的反馈　举例很恰当,能激发学生思考。

案例二　花托——顺境而生

一、案例

被子植物的完全花由花梗、花托、花萼、花冠、雄蕊群和雌蕊群6部分组成。

花梗又称花柄,是花与茎连接的柄状结构,一般呈绿色、圆柱形,其结构与茎初生构造相似。花梗既是茎向花输送各种营养物质的通道,又能支持花并伸展在一定的空间,开花结果后发育成果柄。花梗的长短、粗细因植物种类而异,如莲、垂丝海棠的花梗较长,贴梗海棠的花梗较短,而地肤、车前几乎无花梗。

花托位于花梗顶端略膨大的部分,是花萼、花冠、雄蕊群和雌蕊群由外至内依次着生的位置。花托的形态因植物种类而异,有的呈圆柱状(如木兰、厚朴)、圆锥状(如覆盆子、草莓)、倒圆锥状(如莲)或凹陷呈杯状(如金樱子、蔷薇、桃);也有在雌蕊基部或雄蕊与花冠之间,扩大成扁平状、垫状、杯状或裂瓣状的结构,常能分泌蜜汁,称花盘,如柑橘、卫矛、枣等。此外,花托在雌蕊基部形成短柄状,称雌蕊柄或子房柄,如黄连、落花生等;或在花冠以内部分延伸成柄状,称雌雄蕊柄或两蕊柄,如白花菜、西番莲、苹婆等;或在花萼以内部分延伸成柄状,称花冠柄,如剪秋萝属和部分石竹科植物。

知道花生的果柄是怎么形成的吗?是花梗形成的果柄吗?注意观察的话,花生的花刚开放时的花梗很短,但开花后子房柄会迅速伸长,并具有向地性。所以,落花生的果柄是由花托在雌蕊基部延伸形成的,并不是严格意义上的果柄。那花生为什么被称为落花生?花生是在地上还是地下开花,结果又是在地上还是地下进行呢?是因为在落花生开花后,子房柄中具有居间分生组织。该组织细胞分裂很快,会使子房柄迅速伸长从而把子房推入土中进行结实,称为入土结实或落花而生。所以,正是由于花生地上开花、地下结实的这一特性而被命名为落花生。

按道理来说,所有的种子植物都是落花而结实的,为何独独把花生叫作落花生呢?奇迹就发生在"落花"之时。当它的子房受精后,子房基部的细胞便开始迅速分裂、伸长,形成了所谓的子房柄。子房位于子房柄的顶端,其外层是木质化的表皮细胞,形成了一个锥形的保护帽,因此被形象地称之为"果针"。"果针"具有如植物根一样的强烈的向地性,它不断伸长直到扎入土中几厘米后才会停止。然后,子房才开始膨大发育长为果实。因为它的落花并不仅仅是花朵凋谢那么简单,而是它的花冠凋谢之后,花的子房柄会一直生长,直到"落入"地下后才会结实,这就是它独特的"果针探地"。专业研究认为,"果针"入土是花生独特的结实方式。一方面,通过入土的机械作用和黑暗环境,刺激子房膨大发育。另一方面,果针和它的地下荚果还有类似于根的功能,具有从土壤中吸收水分和营养的能力,特别是吸收钙的能力,从而更有利于种子发育。

那落花生为什么在地上开花,而要选择入土结实呢？是由于花生原产于南美洲干旱、风大的沙漠地带,其为了适应当地的环境从而进化出了这种独特的开花结实习性。通过落花生对环境的适应性进化,培养学生善于改变自己而去适应环境的生存本领。

二、教学设计与实施过程

本案例主要采用课堂讲授法、启发式教学法和互动式教学法。

课堂采用这几种教学方法相结合,以学生为主体,教师为主导,营造一种良好、平等的教学环境。在课堂开始后先讲述花的一般组成,再分别介绍各组成部分的形态特征。讲到花托时,通过列举不同植物的形态,展示花托形态的多样性。告诉学生花托的变化均植物长期适应环境进化的结果。接着讨论花生为什么在地上开花、地下结实,花生入土结实的机制等一些问题,激发学生主动探索花生为何入土结实的兴趣,根据学生的发言,给予正向的反馈,引导学生了解花生入土结实的缘由,拓展学生的思维,培养学生逆境而上、顺境而生的能力,增加学生的课堂体验感。

三、教学效果

1. 教学目标达成度

(1)植物在长期适应环境的进化中,进化出不同的开花结实方式。通过讲述落花生名字的由来,入土结实的机制,很好地激发了学生的学习兴趣。

(2)通过讲述落花生的入土结实是为了更好地适应环境,培养学生适应不同学习工作环境的能力,提升学生逆境而上的生存本领。

2. 教师的反思　简要介绍落花生的起源,重点介绍花生为什么要入土结实,能用植物学的知识进行解释,这样有助于理解花各组成部分形态特征的多样性,还能拓展学生的认知。

3. 学生的反馈　终于知道落花生名字的由来了。落花生地上开花地下结实的本领,真的很神奇。

案例三　雌蕊的组成与形态——专业自信、服务生产

一、案例

一朵花中所有雌蕊总称雌蕊群,位于花的中心部位。雌蕊构成的单位是心皮,裸子植物的心皮伸展成叶片状,常称大孢子叶或珠鳞,以致胚珠裸露在外;被子植物的心皮边缘结合成封闭的囊状结构,常称雌蕊,胚珠包被在雌蕊内,这是二者区别的主要特征。

一枚雌蕊由顶端稍微膨大的柱头、中间的花柱和基部膨大的子房三部分组成的。柱头是接受花粉粒的地方,花柱起输导和支持作用。子房中有胚珠,珠中有胚囊,胚囊中有

卵细胞,卵细胞在授粉受精后,受精卵发育成合子,再由合子发育成胚。胚珠便可以发育成种子。受精后的子房开始膨大发育成果实。

大多数被子植物的花中只有1枚雌蕊,由一至多枚心皮组成。在形成雌蕊时分化出柱头、花柱、子房3部分。心皮卷合生成雌蕊后,心皮边缘愈合处称腹缝线,胚珠着生在腹缝线上;心皮中肋处称背缝线,相当于变态叶的中脉。根据一朵花中心皮数目和心皮分离联合的情况不同,常分为单雌蕊、离生雌蕊和复雌蕊。单雌蕊指一朵花中仅由1枚心皮发育成的雌蕊,如甘草、野葛、桃、杏等;离生雌蕊指一朵花中有多枚彼此分离的心皮,各自发育成雌蕊,如毛茛、乌头、厚朴、五味子等;复雌蕊指由2枚或2枚以上心皮联合发育成1枚雌蕊,又称合生雌蕊,如丹参、百合、南瓜、卫矛、桔梗、木槿等。

不同植物种类在长期的进化过程中,雌蕊的组成和各组成部分的形态特征均发生了特异性变化。如玉米须是指雌蕊的花柱,花柱呈细长的丝状,所以玉米须入药之后就具有很好的利尿的功效。而莲的雌蕊的花柱极短,几乎无花柱,导致柱头就顶生在子房上。

雌蕊的柱头是用来接受花粉的部位。一般来说,雌蕊的柱头稍微膨大,但有些植物的雌蕊柱头为接受、固着花粉粒的部位,常呈羽毛状或分裂成几部分。鸢尾科植物番红花的柱头呈3裂状,每个裂片的顶端稍扁,并具齿状裂。而番红花的柱头和部分花柱入药之后就是名贵中药材西红花(藏红花)了。

西红花来自番红花的柱头,其产量很低。据报道,每亩地的西红花产量通常不超过500克。另外,番红花一般于夜间开放,而且花期较短,需要及时采收,采晚了,花丝容易沾染花粉。西红花最佳采摘时间是每天上午9点以前,采摘时将花朵完整地采摘下来。花朵上的花丝刚露出头就采摘,这时候采摘的花朵最佳,不宜过早或过晚。采下的花朵需要及时取下花丝,取丝时先轻轻地将花瓣剥开,然后取下三根红色的花丝(花柱和柱头),取下的花丝要求三根不相连,且不带黄根。可见,西红花的采摘费时、费力,要求极为严格,人工成本高。再加上西红花具有很好的活血化瘀、凉血解毒的功效,受到人们的追捧。这样就导致其价格昂贵,市场上出现了很多伪劣品。一些不法商贩用胡萝卜丝、红花、莲须丝甚至玉米须染色后来充当西红花。

因此,我们如果掌握了番红花的柱头具有哪些形态特征之后,是不是就可以对西红花的真伪进行鉴别了呢?所以我们要善于把学到的知识应用到实践中去,具有学以致用的本领。提升学生理论联系实践,理论服务生产实践,解决实践问题的能力,增强学生的专业自信心。

二、教学设计与实施过程

本案例主要采用课堂讲授法、实物举例法、问题引导法。

课堂采用这几种教学方法相结合,以学生为主体,教师为主导,营造一种良好、平等的教学环境。在课堂开始后先讲雌蕊的概念、组成及各组成部分的形态特征,在介绍雌蕊时,引入案例,并设置西红花与番红花有何联系,西红花为什么价格昂贵等一些问题,展开课堂讨论,激发学生主动探索的兴趣,根据学生的发言,给予正向的反馈,引导学生学习雌蕊的组成和形态特征,了解西红花和番红花的关系,进一步学习雌蕊形态特征的多样性,掌握番红花柱头的特征就能对西红花的真伪进行鉴别,增强学生的专业自信心,提升学生理论指导实践、服务实践的能力,拓展学生的思维,培养学生的情怀,增加学生的课堂体验感。

三、教学效果

1. 教学目标达成度

(1)通过举例西红花与番红花的关系,不仅增加学生的学习兴趣,还能激发学生理论联系实践的能力,培养学生解决生产实践问题的能力。

(2)通过列举不同植物雌蕊组成和形态特征的变化,很好地提升了学生的观察、比较和分析能力,加深学生对雌蕊形态特征的认识。

2. 教师的反思　多数学生没有见过番红花,但大多数学生听说过西红花。讲授时最好带点西红花的实物,让学生直观地认识到其形态特征,效果可能会更好。

3. 学生的反馈　学习药植有很大的实践应用价值,可以帮助我们鉴别药材的真伪。

案例四　花冠的类型——探索精神、服务生产

一、案例

一朵花中所有花瓣的总称称为花冠。根据花瓣的联合程度、形状、大小、排列方式和花冠筒的长短不同,可将花冠划分为不同的类型,花冠类型也是植物分类鉴别的重要依据。常见的花冠类型有十字形花冠、蝶形花冠、唇形花冠、管状花冠、舌状花冠、漏斗状花冠等。

十字形花冠指花瓣4枚,离生,上部外展排成十字形,如萝卜、菘蓝等十字花科植物。蝶形花冠指五枚离生花瓣排列成蝶形,最上1枚最大称旗瓣;两侧2枚较小称翼瓣;最下面2枚最小,位于翼瓣之间,下缘稍合生并向上弯曲呈龙骨状,称龙骨瓣;如豌豆、黄芪、槐等蝶形花亚科植物。

唇形花冠指花冠下部联合呈筒状、上部裂片略呈二唇形,上唇由2枚裂片联合而成,下唇由3枚裂片联合而成,如丹参、益母草等唇形科植物。

管状花冠指花冠大部分合生呈筒状或管状,花冠裂片向上伸展,如向日葵、红花等菊科植物的舌状花。舌状花冠指花冠基部联合成短筒,上部向一侧延伸并联合成扁平舌状,如蒲公英、菊花等菊科植物的管状花。

向日葵为菊科的一种植物,这是一朵花还是一个花瓣呢?（示例向日葵的一个舌状小花,让学生观察）。通过观察可知,从向日葵边缘取下的其实是一朵小花,不是花瓣。只是这朵花的花冠的基部联合呈短筒状,上部向一侧延伸成了舌状,我们就特称之为舌状花冠,是一种特殊的花冠类型。所以,向日葵花最外围的一轮为具有舌状花冠的小花,由于其位于边缘,所以又称为缘花。缘花一般为无性花,不能结实。由于缘花的花冠较大,色彩鲜艳,主要起招蜂引蝶的作用。

继续取下向日葵花盘中间的一朵小花,并给每个学生一朵小花让其观察。结合示意图,向学生展示,向日葵的花盘里面也是由很多小花组成的,每一朵花的花冠基部联合呈细长的管状,上部呈浅裂的齿状,特称之为管状花冠。接着在黑板上画出舌状花和管状花的形态特征图。不管是舌状花还是管状花的花瓣都多少有些联合,均称为合瓣花冠。向日葵的管状小花是两性花,经过传粉受精之后,即可发育为果实,也就是我们常吃的瓜子。对向日葵来说,这么多小花共同着生在同一个花序轴上,所以这是一个花序,而不是一朵花。因此,向日葵是由具有两种花冠类型的小花组成的花序。通过让学生观察,培养学生的观察能力。

再以菊科植物红花为例,展示红花的花的形态特征。让学生加深对舌状花冠和管状花冠形态特征的认识和理解。向学生展示菊科植物红花的照片。这些红花有什么不同吗?颜色不同,有黄的、橙红的、黄橙相间的。为什么同一植株上会出现不同颜色的花呢?因为红花刚开放时是黄色的,在2~3天逐渐由黄变为橙红。那红花的入药部位是什么?红花一般在什么时间采摘?红花也是头状花序,但全部是由管状小花组成的头状花序。红花是以头状花序上的管状小花来入药的。红花的最佳采摘时间为颜色由黄变为橙红时,采摘过早过晚都会影响药材的品质。所以红花的药材常呈红黄相间的特征。因此,利用我们今天所学的知识,就可以来指导红花的适时采收,真正把我们所学到的知识用来服务生产实践。

虽然很多药材都是以花来入药的,如怀菊花、玫瑰花、玉米须、红花等,但是它们是以花的不同组成部分来入药的,如菊花以整个头状花序,而红花是以头状花序上的管状小花来入药的。因此,只有熟悉每种花类药材的入药部位及其形态特征,才能为花类药材的鉴定奠定基础,培养学生解决实践问题的能力。

二、教学设计与实施过程

本案例主要采用讲授法、实物举例法、比较法、问题引导法等教学方法。

课堂教学采取这几种教学方法相结合,以学生为主体,教师为主导,营造一种良好、平等的教学环境。在课堂开始后先通过回顾花萼类型的多样性引出本节课所讲内容,接着用实物举例法、比较法介绍常见的花冠类型,让学生直观形象地理解相关专业术语的含义和更好地区分不同花冠类型的形态特征。在介绍舌状花冠和管状花冠时,引入案例,并设置这是一朵花还是一个花瓣,红花的入药部位是什么,红花的最佳采摘时间等一些问题,组织课堂讨论,激发学生主动探索的兴趣,根据学生的发言,给予正向的反馈,引导学生学习不同花冠类型的特征,了解红花的花颜色变化与采收时间的关系,培养学生的观察能力、比较和分析能力,进一步提高学生理论指导生产实践的能力,拓展学生的思维,培养学生的情怀,增加学生的课堂体验感。

三、教学效果

1. 教学目标达成度

(1)通过讲述红花颜色的变化与最佳采摘时间的确定,培养学生服务生产实践的能力。

（2）通过讲述向日葵的花是一朵花还是一个花序，激发学生的学习兴趣，培养学生认真观察的工作态度。

（3）通过实物举例向日葵和红花，结合示意图，加深学生对管状花和舌状花形态特征的认识，激发学生的探究兴趣。

2. 教师的反思　课堂上的实物材料如何获得，如果没有实物材料，仅仅结合示意图，学生可能不太理解相关的概念，所以讲这部分内容时，最好能采集相关的实物材料。

3. 学生的反馈　红花的颜色为什么会变化，与环境、药材品质间有何联系？

案例五　花的组成——团结协作

一、案例

花是适应生殖功能的变态短枝，是随着植物进化才出现的一个专门用来繁殖后代的器官，只有被子植物才有真正的花。对于被子植物来说，一粒小小的种子经过播种，萌芽、根、茎、叶3个营养器官的生长后，在适宜的环境条件诱导下就会开花。所以，植物开花是为了其繁殖后代用的，是植物的生殖器官。

花作为种子植物的生殖器官，往往选择在适宜的时期开放，而且开放时间短。因此，花的组成和形态特征受环境影响小，变异小，在种间很稳定。但是，不同植物的花，在长期的进化过程中为了更好地适应环境，更好地完成其作为生殖器官的使命，在组成和形态上各具特色，形成了各具特色的花。因此，花是我们鉴别药用植物种类，特别是被子植物的重要器官。

花担负着一株植物繁殖后代的重任。一朵花由哪几部分组成，各组成部分之间应如何分工合作，精巧搭配才能高效完成如此重任呢？一朵典型的花，一般由花梗、花托、花萼、花冠、雄蕊群、雌蕊群六部分组成。花萼和花冠成熟并展开即为花开，花萼和花冠脱落即为花谢。在花开花谢之间，花就完成了其传粉受精的使命，取而代之的就是果实和种子的发育。

那么具体到某一种植物，一朵花到底由那几部组成呢？各组成部分有何种形态特征呢？观察时，一般采取先从下向上、再由外向内逐层剥离的方法。剥离的过程中，注意观察各组成部分的数量、形状、它们之间的联合和排列情况。

以荷花为例，按照从下向上，再由外向内的顺序讲解一朵荷花（莲的花）的组成，各组成部分的形态特征。

首先，从下往上看，花最下面、与茎相连的部分称为花梗，起支持和输导作用。莲的茎在哪里呢？莲的茎为根状茎，长在地下，也就是我们吃的莲藕。植物的花梗一般呈绿色的圆柱形，但粗细、长短不一，莲的花梗就很长，使花挺出水面。花梗也称为花柄，在果期就变为了果柄。

那么花梗上端膨大凸起的部分称为花托，托有托举的意思，花的其他部分均着生在这个花托上。莲的花托呈海绵质，干燥之后做莲房入药，具有调经、去湿的功效。不同植物的花托，形状差异很大。莲的花托为倒圆锥形，而草莓的花托为圆锥形，月季花的花托凹陷呈杯状。

其次，花最外面的一轮称为花萼。"小荷才露尖尖角，早有蜻蜓立上头"这个角就是指刚挺出水面含苞待放的花苞。花苞的最外面一轮就是花萼，一般为绿色，具有光合和保护幼花的作用。莲的花萼3~5片，相互分离，称为离生萼。

花萼里面的一轮称为花冠，也就是我们所说的花瓣，常呈现不同的颜色或香味。但花冠的色彩和香味均不是为了展示自己，而是为了吸引传粉昆虫，协助花蕊顺利完成授粉受精。这也体现出花冠的无私奉献精神。荷花的花瓣相互分离，称为离瓣花冠。

花冠里面的一轮是雄蕊群。一枚雄蕊由花丝和花药两部分组成，花药能产生花粉释放出精子。荷花的雄蕊，多数相互分离，称为离生雄蕊。因为雄蕊是用来产生精子的，所以莲的雄蕊做莲须来入药，具有益肾固精的作用。

最后，花最里面的部分就是雌蕊群了。一般来说雌蕊是由基部膨大的子房，中间的花柱，顶端稍微膨大的柱头三部分组成的。柱头是接受花粉的地方，花柱起输导和支持作用，子房中有一枚卵细胞，在授粉受精后胚珠便可以发育成种子。

莲的雌蕊在哪里呢？这个凸起的黑点就是它的雌蕊，花柱极短，柱头顶生，子房藏在花托形成的莲房内。

一朵荷花就解剖完了，通过解剖观察（展示荷花的解剖图），我们知道一朵荷花是由花梗、花托、花萼、花冠、雄蕊群、雌蕊群六部分组成的。花梗、花托起支持，花萼和花冠起保护和吸引传粉昆虫的作用，雄蕊排列在雌蕊的周围，雌蕊位于花的最核心部位。这就像一个家庭、一个团队一样，这六部分经过分工合作、精巧搭配完成花作为生殖器官的使命。

学习和工作中，也应具有这种团队协作的意识，只有团队中每个成员都不遗余力地发挥自己的才能，不仅能协助团队高效地完成任务，也能收获得更大的成功。

二、教学设计与实施过程

本节案例涉及的专业术语、专业名词比较多，课堂教学主要采用讲授法、实物举例法、互动式和引导式教学等多种教学方法。

课堂采用这几种教学方法相结合，以学生为主体，教师为主导，营造一种良好、平等的教学环境。在课堂开始后先通过花的功能引出不同植物花的组成和特征的多样性，继而以荷花为例，详细介绍一朵花由哪几部分组成，各组成部分有何形态特征和功能，最后进行总结时，引入案例，并设置为什么不同植物的花都各具特色，花中各部分的精巧搭配有何意义等一些问题，展开课堂讨论，激发学生主动探索的兴趣，引导学生认识到一朵花的组成及各组成部分的形态特征均是植物适应环境的结果，均是为了更好地繁殖后代，了解花各组成部分的精巧搭配和分工合作，进一步学习花各部分的团结协作精神和无私奉献精神，拓展学生的思维，培养学生的情怀，增加学生的课堂体验感。

三、教学效果

1.教学目标达成度

（1）通过讲述花各组成部分经过精巧的搭配和分工合作，齐心协力地去完成其作为生殖器官的使命,借此培养学生的团队协作精神。

(2)通过介绍花冠和花萼协助花完成其生殖功能的无私奉献精神,培养学生的无私奉献精神。

(3)通过实物材料介绍花的组成,让学生更加形象直观地认识花的组成。同时,通过比较法,让学生意识到花的形态特征和组成具有多样性,是进行药用植物种类鉴定和花类药材鉴定的基础,借此激发学生探索的兴趣,增强学生的专业自信。

2.教师的反思　花的组成与形态这部分,最好结合实物材料进行讲授,并把不同形态特征的花放在一起来比较,让学生更加深刻地认识到不同植物花的特征的特异性,均是为了更好地完成其生殖任务。

3.学生的反馈　比喻很恰当,通过将一朵花比喻成一个团队,将花的各组成部分比喻成团队中的成员,不仅让学生更好地理解花作为生殖器官的使命担当,还能激发学生去探索不同植物花形态特征的兴趣。

第八章 植物器官——果实

果实指成熟子房及其与之相连并伴随其成熟的其他结构,是被子植物有性生殖的产物和特有结构。一般由受精的子房发育形成,外被果皮,内含种子;具有保护和散布种子的作用。果实类型很多,首先,果实根据是否单纯由子房发育而成,分为真果(仅有子房膨大形成果实)和假果(花托、花被、花柱及花序轴等也参与果实的形成)。绝大多数植物由子房受精后发育成果实,少数植物只经传粉而未经受精也能单性结实,形成无籽果实。果实由果皮和种子两部分构成。果皮由外向内可分为外果皮、中果皮、内果皮3层。果皮常呈现不同颜色、香味或其他附属物。其次,果实根据发育的来源和结构特征不同可分为单果、聚合果和聚花果。单果根据果实成熟时果皮的性质不同又可分为肉质果和干果。肉质果又分为浆果、柑果、核果、梨果、瓠果等类型。干果又根据果皮是否开裂,分为裂果和不裂果。裂果的类型主要有蓇葖果、荚果、角果、蒴果;不裂果的类型主要有瘦果、颖果、坚果、翅果、胞果、双悬果等。聚合果是由离生心皮雌蕊发育而成的果实,每1枚雌蕊都形成1个单果,聚生于同一花托上。聚花果是由整个花序发育而成的果实,花序中每一朵花独立发育成单果,聚集在花序轴上,外形似一个果实。果实形态和结构是被子植物分类以及药材鉴别的依据之一。

一、教学目标

1. 知识目标
(1)掌握果实的概念、组成、类型、特征。
(2)熟悉不同果实类型之间的异同点。
(3)了解果实类型与植物分类间的关系。

2. 能力目标
(1)具有根据果实的生理功能和生长环境联系果实类药材中药药性的能力。
(2)具有能用准确的专业术语描述植物果实外部形态特征的基本技能。

3. 思政目标　树立正确的价值观,培养学生的家国情怀、科学精神、文化素养、中医药传统思维,重视人文关怀、职业道德及个人品格的提升,建立学生的专业自豪感。

二、相关知识板块的思政元素分析

1. 科学精神(创新精神、探索精神)　果实的一般类型很多,但还有一些特殊的果实类型,如石榴的果实既不属于浆果也不属于干果,所以认识一个事物或开展科学研究时,要尊重客观事实,不墨守成规,勇于创新。

各种无籽果实的形成都是根据植物自身的生长习性,在长期实践的基础上,不断进行试验探索、创新的结果,从而提升学生的科研创新精神、探索精神,培养学生的大国三农情怀,为我国的农业生产发展提供技术服务。

2. 职业道德(团结协作)　被子植物进化出了果实,由于果皮的出现增加了对种子的保护和散播。果实的颜色和味道均是植物为吸引动物来取食并帮助其传播种子的道具,动物们获得了食物的同时也帮助植物传播了种子,二者达成合作共赢。

3. 个人素养(实而不华)　无花果由于其肉质的花序轴凹陷呈囊状,把许多单性小花包裹在内部,引起无花果到底有没有花的讨论。虽然外观上看不到无花果的花,但是无花果不但有花,而且花的功能发生了分化,形成担负不同功能的小花,每一朵小花都发育成一个小瘦果,这种低调、实而不华的高贵品质值得我们去学习。

案例一　果实的类型——创新精神

一、案例

果实是指成熟子房及其与之相连并伴随其成熟的其他结构,是被子植物有性生殖的产物和特有结构,一般由受精后的子房发育形成,外被果皮,内含种子;具有保护和散布种子的作用。果实由果皮和种子两部分构成。果皮由外向内可分为外果皮、中果皮和内果皮3层。

果实的类型很多,按其发育的来源和结构特征不同可分为单果、聚合果和聚花果;单果指一朵花中由单雌蕊或复雌蕊发育形成的果实。依据其果皮质地和结构可分为肉质果和干果两类。肉质果指果实成熟后肉质多汁,不开裂,又分为不同的类型。如番茄的浆果、桃的核果、苹果的梨果、橘子的柑果、葫芦科植物的瓠果等。有些果实成熟后果皮干燥,称为干果。根据干果的果皮是否开裂,又分为裂果(如马兜铃的蒴果,八角的蓇葖果、豆科植物的荚果、十字花科植物的角果等)和不裂果(菊科植物的瘦果、禾本科植物的颖果、板栗的坚果、草莓的瘦果等)。

那石榴属于何种果实类型呢?是不是肉质果?因为石榴的果皮也是肉质多汁的,符合肉质果的特征。但是自然成熟的石榴是会开裂的,又不符合肉质果的特征了。那既然果实成熟后会开裂,那肯定是裂果中的一种。但是蒴果是果皮干燥之后开裂的,而石榴的果皮是不干燥的,也不符合蒴果的特征。那石榴到底属于哪种果实类型呢?

因为果实是由花发育而来的,只有通过解剖花的结构才能更好地理解果实的发育过程。通过展示石榴花的解剖图片或实物图,让学生观察石榴花的组成和形态特征,重点观察其子房内部的结构特征。通过解剖观察发现,石榴的子房是由多心皮组成的下位子房。由下位子房发育而成的果实为假果。所以首先确定了石榴是假果。

在开花期可以清楚地看到石榴的子房分成上下两轮,上轮为侧膜胎座,意味着它的胚珠着生在子房的外壁上,但是它又不是典型的侧膜胎座,因为侧膜胎座没有中轴,也没有纵向的隔膜,比如黄瓜的侧膜胎座。但是石榴的上轮子房中保留有中轴和纵隔膜,把子房分成多室;下轮子房为中轴胎座,胚珠着生在中轴上。上下两轮之间有一层横膈膜把它们隔开。这样的子房在植物分类上是少见的,当它成熟以后依然保持这一特点。

同一果实内部,种子的着生位置不同。所以石榴是一种特殊的果实类型,并不属于我们课本上讲的那几种常见的果实类型。因此我们要按照事物的本来面目,利用我们所学的理论知识去认识某一个事物,尊重自然、尊重客观事实,认真观察才能解释我们观察到的一些特殊现象。

在我们的生活或学习过程中,随着时代的进步、科技的发展,面对新鲜的事物,我们也要接纳它并能让其为我所用、不墨守成规,勇于创新。不要一味地按照老的传统或规定办事,更不要带有主观偏见或私情去办事。只有这样,我们才能够学到真正的知识,获得更大的成功。

二、教学设计与实施过程

本案列主要采用课堂实物举例法、情境式教学法、启发式教学法和互动式教学法。

课堂采用这几种教学方法相结合,以学生为主体,教师为主导,营造一种良好、直观形象、平等的教学环境。在课堂开始后先通过课堂讲授的方法讲授果实的概念、组成、常见果实的类型和特征及代表植物,接着以石榴的果实为例介绍一些特殊的果实类型,通过石榴果实类型归属的讨论,采用问答式、启发式告诉学生,植物界果实的形态、结构是多种多样的。如果认真观察,任何一种形态都可以找到它的理论基础,培养学生的观察能力、分析和解决问题的能力。引导学生做任何事情都要按照事物的本来面目去认识自然,尊重客观事实,不墨守成规,不死记硬背,拓展学生的思维,培养学生的情怀,增加学生的课堂体验感。

三、教学效果

1. 教学目标达成度

(1)通过讲解石榴果实的特殊特征,让学生认识到事物的多样性和复杂性,认识事物都要尊重客观事实,不要墨守成规、死记硬背,而要勇于创新。

(2)通过讲述石榴的内部结构特征,加深学生对果实类型及其特征的认识。

2. 教师的反思　石榴是日常生活中常见的一种水果,但其结构又与一般的果实不同,讲授时现场解剖石榴果实,并结合石榴花的特征性图片,会加深学生对石榴果实特殊结构特征的认识,思政教育效果较好。

3. 学生的反馈　常吃的石榴,内部结构竟然这么复杂,是什么原因造成其具有这样的结构特征呢?蕴含着什么生存之道?

案例二 无籽果实——探索精神、创新精神

一、案例

果实是由一朵花中的子房受精后膨大发育而成。由于参与果实形成的组成部分不同,形成了不同的果实类型,如真果和假果。单纯由子房发育而来的果实是真果。如果花的其他组成部位如花托、花萼、花被筒等也参与果实的形成,形成的果实则是假果。结合花的组成和形态特征的知识,子房下位或半下位发育成的果实一定是假果。真果与假果只是人为下的定义,是相对而言的。对植物自身而言,假果仍是真正的果实,并且比"真果"还要多一些保护层。

果实一般由果皮和种子两部分组成。果皮由子房壁发育而成,也是人类和动物食用的主要部位。种子由受精的胚珠发育而成。果实里面的种子才是植物最为重要的繁殖器官,果皮的形成也是为了更好保护种子、协助种子的传播。所以,不同植物的果实常呈现不同颜色、味道、形态等多样化的果皮来吸引动物的取食,协助传播种子。

对于一些以食用为主的果实来说,种子的存在往往会影响其食用价值。日常生活中有很多无籽果实,如西红柿、西瓜、葡萄、香蕉等。这些无籽果实形成的条件不同,有的是自然发育而成的,有的是由于环境变化造成的,有的是在人工控制条件下形成的。

属于自然发育形成的无籽果实有:柿子,为六倍体,是由胚囊败育形成;菠萝和凤梨,是由胚珠败育、花序轴膨大发育而成的聚花果;蜜橘,是由受精后合子不能继续发育成胚形成的;香蕉为三倍体,自身无法形成正常的雌雄配子,属于自然变异形成的;无籽白葡萄和黑葡萄,是由种子败育形成的。近几年水果市场非常火爆的阳光玫瑰,无籽、品质好、价格高,导致农民跟风种植。由于阳光玫瑰的种植面积大幅增加,使2023年的价格下滑严重。以此教导学生做什么事情都要有合理的规划,根据自己的实际情况,量力而行,不跟风、不盲目崇拜一个人或一件事。同时让学生思考并讨论,无籽果实是如何膨大发育成果实的,真的如传闻说的那样是靠不断地喷施膨大剂才能形成吗?喷施膨大剂的葡萄对人体有什么危害?

属于环境影响形成的无籽果实:梨,是由于花期遇到霜害,抑制胚珠的正常受精发育而成的;番茄,在花期遇到低温和高强光,也可抑制胚珠的正常受精而发育成无籽果实;瓜类,在花期遭遇短日照和较低的夜温,也可抑制胚珠的正常受精而发育成无籽果实。

人工处理形成的无籽果实:西瓜,是由秋水仙素人工加倍与杂交处理形成的三倍体,致使其无法形成正常的配子,而发育成无籽果实;无籽番茄、巨峰葡萄、辣椒是在花期人工喷施促进果实膨大,而抑制种子发育的激素刺激后形成的。还有一些无籽番茄是由近缘种植物如马铃薯的花粉处理柱头刺激后造成的。

通过讲述这些无籽果实形成的原因,让学生明白这些无籽果实获得的方法都是在一定的理论基础上,从实践中获得灵感,进行试验探索、创新的结果。从而提升学生的科研创新精神、探索精神,为我国的农业生产发展提供技术服务。目前虽然有很多人工控制

无籽果实形成的成功先例,但没有一种方法具有广适性,从而提升学生发现问题、解决问题的能力。同时,对于一些以果皮入药的药材,如山茱萸去核是一件非常费力的工作,如果能研究出生产无籽山茱萸的方法,岂不是大大节省了生产成本和人力,进而激发学生的科研探索精神。

二、教学设计与实施过程

本案例主要采用实物教学法、启发式教学法和互动式教学法等。

课堂采用这几种教学方法相结合,以学生为主体,教师为主导,营造一种良好、平等的教学环境。在课堂开始后先通过课堂讲授法介绍果实的来源、组成和类型,接着以无籽果实为例讲授无籽果实形成的原因和研究现状,并设置无籽果实是如何膨大发育成果实的,喷施膨大剂的葡萄对人体有什么危害等一些问题,组织课堂讨论,激发学生主动探索的兴趣,根据学生的发言,给予正向的反馈,引导学生认识到生产上产生无籽果实的途径和方法很多,但没有一种方法具有广适性,具体问题还需要具体分析。通列举不同无籽果实产生的途径,拓展学生的思维,提升学生理论指导生产实践的能力,激发学生科研创新精神。培养学生发现问题、解决问题的能力,为我国农业生产发展提供技术服务的本领,增加学生的课堂体验感。

三、教学效果

1. 教学目标达成度

(1)通过讲述各种无籽果实形成的原因,很好地提升了学生理论联系实践,发现问题、解决问题的能力。

(2)通过介绍不同无籽果实形成的原因,激发学生探索无籽果实形成机制的科研兴趣。

2. 教师的反思　这部分内容课堂上把主要概念讲清楚,不同植物无籽果实的具体形成原因可以提前放到线上学习平台,让学生自主学习、参与讨论和思考,可以提高教学效率。

3. 学生的反馈　日常生活见到的无籽果实很多,但对其形成的原因不清楚,通过此部分内容的学习,既增长了见识,同时也激发了学生主动去了解无籽果实形成原因和科研探索的兴趣。

案例三 隐头花序——实而不华

一、案例

果实的类型很多,按其发育来源和结构特征不同可分为单果、聚合果和聚花果。根据果实成熟时果皮的性质不同又可分为肉质果和干果。

单果是指一朵花中由单雌蕊或复雌蕊发育形成的果实。依据果皮质地和结构可分为肉质果和干果两类。肉质果指果实成熟后肉质多汁,不开裂。肉质果包括以下类型,主要有浆果,如葡萄、枸杞、番茄、忍冬等;柑橘类特有的果实类型——柑果,如橘、橙、柚、柠檬等;外果皮薄,中果皮肉质,内果皮形成木质坚硬的果核的核果,如桃、杏、胡桃等;蔷薇科梨亚科植物特有的果实类型——梨果,如苹果、山楂、梨等;葫芦科植物特有的果实类型——瓠果,如西瓜、葫芦、罗汉果、栝楼等。

干果是指果实成熟时,果皮干燥。根据果皮是否开裂,又分为裂果和不裂果。裂果是指果实成熟后果皮自行开裂。主要有果实成熟时沿腹缝线或背缝线一侧开裂的蓇葖果,如八角、茴香、芍药、杠柳等;豆科植物特有的果实类型——荚果,成熟时果皮沿着背缝线和腹缝线两侧同时开裂或不开裂,如落花生、皂荚、大豆等;十字花科特有的果实类型——角果,成熟时果皮沿两侧腹缝线开裂,如菘蓝、油菜、萝卜等;由多心皮复雌蕊发育而成的蒴果,成熟后果皮以不同方式开裂,如百合的背裂、蓖麻的腹裂、牵牛的背腹裂、罂粟的孔裂、马齿苋的盖裂、瞿麦的齿裂。

不裂果是指果实成熟后,果皮不开裂。主要包括瘦果,如菊科植物的连萼瘦果;禾本科植物特有的果实类型——颖果,如玉米、薏苡;果皮木质坚硬且不易与种皮分离的坚果,如板栗、益母草等;果皮一侧、两侧或周边向外延伸成翅状形成的翅果,如榆、杜仲等;果皮薄,膨胀疏松的胞果,如青葙、地肤子等;伞形科植物特有的果实类型——双悬果,如当归、白芷等。

聚合果指一朵花中由离生雌蕊共同发育而成的果实,每一枚雌蕊都形成一个单果,聚生于同一个花托上。根据单果的不同,又分为聚合蓇葖果、聚合瘦果、聚合核果等类型。

聚花果是指由整个花序发育而成的果实,花序中的每一朵花独立发育成的单果,聚集在花序轴上,外形似一个果实,如桑葚、菠萝、无花果等。

无花果为什么说是属于聚花果呢?它的花在哪里呢?展开有关无花果有没有花的讨论。展示无花果解剖后的图片或实物。讲花序时讲过无花果的花属于隐头花序,由于其花序轴凹陷成囊状,把小花包裹在其内部,在外部看不到它的花。所以无花果是有花的,而且一个隐头花序中包含了很多小花。大家吃无花果时,里面是不是有很多坚硬的小颗粒,这些小颗粒就是由一朵朵小雌花发育而成的一个个小瘦果。所以无花果是由整个花序发育而成的聚花果,食用的主要是其肉质的花序轴。

我们常用"华而不实"这一成语(古时"华"与今天的"花"同义)用以指某人讲话讲得天花乱坠,但是却没有多少结果,没有实用价值。在植物学上指开花很多却结实很少。而无花果有花,但却不张扬,低调地发育成味道鲜美的果实,体现出"实而不华"的高贵品格。培养学生谦虚、低调、务实的品格。

二、教学设计与实施过程

本案例主要采用实物教学法、启发式教学法和互动式教学法。

课堂采用这几种教学方法相结合,以学生为主体,教师为主导,营造一种良好、平等的教学环境。在课堂开始后先通过课堂讲授介绍常见果实的类型和特征,继而在介绍聚花果的特征时,引入案例,并设置无花果有没有花,无花果是如何形成果实的、"华而不实"的出处等一些问题,展开课堂讨论,激发学生主动探索的兴趣,根据学生的发言,给予正向的反馈,引导学生学习无花果果实的形态,了解无花果内部构造、组成,进一步学习无花果低调、不张扬的性格,"实而不华"的品格,拓展学生的思维,培养学生的情怀,增加学生的课堂体验感。

三、教学效果

1. 教学目标达成度

(1)通过讲述无花果"实而不华"的开花结实特性,很好地激发了学生谦虚、低调、务实的个人品格。

(2)通过讲述无花果的果实特征,激发学生探究无花果的花特征、传粉机制的学习兴趣。

2. 教师的反思　通过展开无花果有无花的讨论,加深学生对隐头花序与隐头果结构特征的认识。讲授时最好用示意图结合实物图,现场解剖,让学生直观地认识到"实而不华"与"华而不实"的本质区别,思政教学效果较好。

3. 学生的反馈　无花果是有花的,只是把花隐藏起来了,真的是实而不华。

案例四　果皮的结构特征——协作共赢

一、案例

被子植物的果实一般由果皮和种子两部分组成。果皮由子房壁发育而成,种子由受精的胚珠发育而成。果皮的形成也是为了更好地保护种子、协助种子的传播。所以,不同植物的果皮常呈现不同颜色、味道、形态等多样化的结构特征来吸引动物的取食,协助种子的传播。果皮也是人类和动物食用的主要部位。

果皮由外向内可分为外果皮、中果皮和内果皮三层。一些植物如桃、杏等果实的果皮可明显地观察到外、中、内三层结构,而落花生、向日葵、番茄、玉米等植物果实的三层果皮之间没有明显界限。果实类型不同,其果皮的分化程度亦不一致。

外果皮位于果实的最外层,表面常被角质层或蜡被,偶有毛茸或气孔,如桃、吴茱萸具有腺毛及非腺毛;还有的具刺、瘤突、翅等附属物,如榴莲、荔枝、榆树钱等;有的在表皮中含色素或有色物质,如花椒;也有的在表皮细胞间嵌有油细胞,如北五味子。

中果皮位于果皮中层,占果皮的大部分,多由薄壁细胞组成,具多数细小的维管束,是果实主要的可食用部分;而荔枝、花生等的果实成熟后中果皮变干收缩成膜质或革质。此外,中果皮中有的含石细胞、纤维,如马兜铃、连翘等;有的含油细胞、油室及油管等,如胡椒、陈皮、花椒、小茴香、蛇床子等。

内果皮位于果皮的最内层,因果实类型的不同有很大的变化。有些内果皮与中果皮合生不易分离,有些木质化(具有石细胞)坚硬并加厚,如桃、杏等核果中的硬核;有的分化为革质薄膜(木质化的厚壁组织),如梨、苹果等;有的内果皮膜质,向内生出许多肉质多汁的囊状毛,如柑橘、柚子等。

被子植物为什么要产生果实,难道是专门为人类或动物提供美味水果的吗?人类从什么时间开始吃水果的?为什么好吃的水果都有漂亮的颜色和香味,如番茄的红色、火龙果的紫色等。不但这样,果实未成熟时往往是苦涩的,成熟后才变得香甜。植物进化出颜色鲜艳、形式各样的果皮是为了吸引动物取食,为了让动物们帮助其传播种子的。因为植物是不能移动的,为使种子传播到更远更广的地方,就想办法借助他人的力量,如风的力量,或动物的移动性。

都说第一个吃番茄的人是英雄,如果你了解了植物的小心思之后,是不是也敢吃。因为果实一般是无毒的,植物形成果实的目的就是要吸引动物帮助其传播种子的,如果形成的果实不好吃或有毒性,谁还来帮助它传播种子。植物是懂得有付出才有回报的道理。所以说,颜色鲜艳的果实一般无毒。果实为动物们提供美味的食物,而动物在取食的过程中则帮助植物进行了种子的传播,这是长期协同进化的结果,是一种合作共赢的体现。现实生活中,我们何尝不是需要与他人合作才能共赢呢。

药用植物种类达到15000多种,其中被子植物的数量约有10000多种,而其中大约有1/5的药用植物是以果实或种子来入药的。果实药用价值的形成与其结构形态有着非常密切的联系。如连翘的果实为蒴果,呈心形,具有清心的作用。酸橙的果实为柑果,未成熟时被用作枳实,具有破气、消积、散结、化痰的作用,成熟时作为枳壳,果皮在生长过程中越来越薄,其疗效也越来越弱。栝楼的果实为瓠果,由果皮、果肉和种子构成,根据入药部分不同可分为瓜蒌皮、瓜蒌和瓜蒌子等,其临床功效也有差异。柑橘的果实中的橘皮、橘络,分别可以成为陈皮和橘络,橘络的形态构成像是人体的脉络一样,因此具有通络的功效。了解传统文化与中医药功效构成的关系,了解中医药思维的形成特点,提升学生的中医药思维。

种子可以吃吗?有的可以,有的不可以。因为种子是植物最为重要的繁殖器官,不是给人吃的,如果人都吃掉了,怎么传播后代呢。所以以种子入药的药材有毒的比例比较高。因此,任何事物的出现都是有其存在的理由,做研究时应该透过现象看本质,遵循事物的自然发展规律。

二、教学设计与实施过程

本案例主要采用课堂讲授法、实物教学法、启发式教学法和互动式教学法。

课堂采用这几种教学方法相结合,以学生为主体,教师为主导,营造一种良好、平等的教学环境。在课堂开始后先通过哪些植物有果实的讨论引出本节课所讲内容,接着用课堂讲授的方法介绍果实的组成,继而在介绍果皮的结构和特征时,引入案例,并设置被子植物为什么要产生如此多样化的果皮,植物是专门为人类或动物提供美味水果的吗?人类从什么时间开始吃水果的?为什么好吃的水果都有漂亮的颜色和香味?等一些问题,展开课堂讨论,激发学生主动探索的兴趣,根据学生的发言,给予正向的反馈,引导学生学习动物和果实之间互利互惠、协作共赢的精神。通过讨论果实的药用价值与其形态结构的联系以及种子是否可以食用的问题,拓展学生的思维,培养学生的中医药思维,增加学生的课堂体验感。

三、教学效果

1. 教学目标达成度

(1) 通过介绍植物形成果实的目的,加深了学生对果皮结构形态特征多样化的理解。

(2) 通过介绍被子植物果实的形成是植物与动物之间协同进化的结果,培养学生合作共赢的协作精神。

(3) 通过对果实药用价值的形成与果实形态构造间的关系,提升学生的中医药思维。

2. 教师的反思　这个思政点很好理解,融入方式相对简单,可讲述,可讨论,具体应根据教师和学生具体情况来进行。

3. 学生的反馈　植物能够根据人和动物的习性,投其所好地进化出各式各样的果皮结构特征。

第九章　植物器官——种子

种子是种子植物特有的繁殖器官。种子植物包括裸子植物和被子植物。种子植物完成受精作用后,胚珠发育成种子。被子植物的子房(有时还有其他结构)发育成果实。种子一般由种皮、胚和胚乳三部分组成。种皮由珠被发育而成,包被在种子外面,可避免水分丧失、物理损伤和病害侵染,起保护胚和胚乳的作用。种皮上常有各种附属结构,如种脐、种孔、合点、种脊、种阜等。胚乳由初生胚乳核(受精极核)发育而成,主要起储藏淀粉、蛋白质、脂肪等营养物质的作用,位于种皮和胚之间,围绕在胚的周围,以供胚发育所需。胚由卵细胞受精后的合子发育而来,是种子中最重要的部分,常由胚根、胚轴、胚芽、子叶四部分组成。种子萌发时,胚发育成植株的根系、茎叶。根据种子内子叶的多少,可把被子植物分为双子叶植物和单子叶植物。根据植物成熟种子中胚乳的有无,把种子分为有胚乳种子和无胚乳种子。种子具有一定的寿命和休眠特性。休眠增强了植物适应环境的能力,也是植物度过严寒、干旱等不良环境和抵御病虫害蔓延的最佳方法。一旦环境条件适宜,休眠的种子就可萌发。同时种子还有一些适应传播的机制,与环境及动物相配合,使植物能在新的分布地定居和繁殖。因此,种子的出现促进了植物界的繁荣。

一、教学目标

1. 知识目标
(1)掌握种子的概念、组成、类型。
(2)熟悉种子休眠的原因和破除机制。
(3)了解子叶是否出土与农业播种深度之间的联系。

2. 能力目标
(1)具有根据种子的生理功能和生长环境联系种子类药材中药药性的能力。
(2)具有能用准确的专业术语描述植物种子外部形态特征的基本技能。

3. 思政目标　树立正确的价值观,培养学生的家国情怀、科学精神、文化素养、中医药传统思维,重视人文关怀、职业道德及个人品格的提升,建立学生的专业自豪感。

二、相关知识板块的思政元素分析

1. 家国情怀(爱国主义、服务人民、社会责任、无私奉献)　子叶是种子中帮助胚吸收和储存营养物质的,如无胚乳种子中的子叶肥厚,贮存丰富的营养,为种子的萌发和幼苗的生长提供营养,直到凋落死亡,其一生都在为种子的萌发和幼苗的生长保驾护航,体现出子叶的无私奉献精神。通过学习子叶的奉献精神,培养学生对国家、社会、集体无私奉献的家国情怀。袁隆平一生都奉献给了水稻的杂交育种工作,为"我要为让中国人吃饱饭而奋斗"目标而辛苦耕耘,最朴素的愿望里满载着他对党、对国家、对人民的拳拳之心。通过学习袁隆平的生平事迹,培养学生的爱国主义、服务人民的社会责任感和无私奉献的家国情怀。

2. 科学精神(探索精神、创新精神)　一些药用植物结实困难,难以通过种子进行繁殖或播种。通过科技手段培育人工种子就可以克服这样的困难。人工种子的培育技术是一个新领域,目前的技术还不能满足生产需求,还需要进一步的探索研究,从而激发青年学生的科研探索精神和创新精神。袁隆平通过不断的实验探索做到了用一粒种子改变了世界的目标,进一步激发学生的科研探索精神和创新精神。

3. 人文关怀(奋斗精神、拼搏精神)　种子作为植物最为重要的繁殖器官,植物在长期的进化过程中,进化出各异的传播方式,如令人讨厌的柳絮和杨絮即是柳树和杨树特有的种子传播方式,体现出植物与环境的斗争精神。有些植物为了更好地度过不良的环境阶段,而采取种子休眠的方式,让其种子只在适宜的条件下萌发。通过学习植物与环境的抗争,让学生体会植物的生存智慧,每个生命为了生存,都在尽力去适应环境,我们在遇到困难时也要具有勇于克服困难、战胜困难的奋斗精神和拼搏精神。

案例一　种子的形态结构——探索精神、拼搏精神

一、案例

被子植物完成受精作用后,胚珠发育成种子,子房(有时还有其他结构)发育成果实。种子一般由种皮、胚和胚乳三部分组成。种子中的胚由合子发育而来,胚乳由初生胚乳核(受精极核)发育形成,种皮来自珠被,多数情况下珠心、胚囊中的助细胞和反足细胞均被吸收而消失。

不同植物种类的种子形状、大小、色泽、表面纹理等随植物种类不同而异,常见的有圆形、圆锥形、多角形等,如蚕豆、菜豆的种子呈肾形,花生为椭圆形,豌豆、龙眼为圆形。种子大小差异亦很大,兰科植物的种子极小,呈粉末状。种子表面颜色亦多样,如绿豆为绿色,赤小豆为红紫色,白扁豆为白色,具光泽;天南星、长春花等的种子表面粗糙,乌头、车前等的种子表面具褶皱,木蝴蝶、枫香等的种子具翅,太子参的种子表面密生瘤刺状突起,白前、萝藦等的种子顶端具毛茸,称种缨。植物种子的形态和结构特征,是种子植物分类和药材鉴别的依据之一。

每年四五月的天空,飘满了白色的柳絮和杨絮,水面上也形成厚厚的一层浮渣。这些柳絮或杨絮随风舞动,很容易钻到你的鼻孔或嘴巴里,或粘到衣服上,给我们的生活、出行带来较多的干扰,是不是很令人讨厌。但你们知道柳树和杨树为什么会产生柳絮和杨絮吗?

那令人讨厌的柳絮和杨絮是柳树和杨树的什么呢?

柳树和杨树的花为单性花,且雄花和雌花分别着生在不同植株上,为雌雄异株。雌花序长约1英寸,貌似绿色的毛毛虫。雄花序常整体脱落,此后雌花序开始迅速发育成果实。一个雌花序能发育出25～100个小果实,这些果实略呈卵形且状似鸟喙,里面紧紧塞满棉絮,棉絮里包藏无数肉眼难以看见的微小种子。种子一旦成熟,鸟喙状的果实打开嘴巴,开裂的两半分别向后卷,将毛茸茸的种子释放出来,就像萝藦科植物的种缨一样。柳树种子的基部包围着棉絮般的绒毛,这些绒毛不规则地分布在种子的四周和上方。正是这些绒毛使柳树种子成为最容易漂浮的树木种子,能被微风水平吹送到极远的地方。所以柳絮和杨絮正是柳树和杨树的种子。

由于柳树的种子极轻,落下极为缓慢,即便在室内的无风状态下也是这样,它就像游丝般漂浮,蜿蜒行进,要想看清柳树的种子,需要一部最为精巧的轧棉机,才能把这些种子和绒毛分开。柳树就是以这种方式散播种子的。这样最小最轻的柳树和杨树种子竟然传播得最广,可以说是所有树种的先锋,在较偏的北方和更为不毛的地区更是如此。所以柳絮和棉絮是不毛之地的拓荒者,比如河道、荒山等。

对人类来说,杨絮柳絮虽然讨厌,但对杨树和柳树来说,却是其扩大自己种群数量的法宝,这是对自然环境的抗争和适应。让学生体会植物的生存智慧,每个生命为了生存,都在尽力去适应环境,体会生命的不易,要珍爱生命。我们在遇到困难时也要勇于克服困难、战胜困难,才能获得更好的生活,开拓更广的天地。

二、教学设计与实施过程

本案例主要采用课堂讲授法、互动式教学法和启发式教学法。

课堂采用这几种教学方法相结合,以学生为主体,教师为主导,营造一种良好、平等的教学环境。在课堂开始后先通过讨论柳絮和杨絮的问题,引出本节课所讲内容,继而介绍种子的概念、组成和形态特征,接着设置柳树和杨树为什么要产生柳絮和杨絮,它们是植物的哪个器官等一些问题,展开课堂讨论,激发学生主动探索的兴趣,根据学生的发言,给予正向的反馈,引导学生学习种子的组成,了解柳絮和杨絮是柳树和杨树的种子,培养学生的探索兴趣。进一步学习植物的生存智慧,培养学生勇于克服困难、战胜困难的拼搏精神,拓展学生的思维,培养学生热爱生活的情怀,增加学生的课堂体验感。

三、教学效果

1.教学目标达成度

(1)通过讲述柳絮和杨絮的由来,不仅让学生明白柳树和杨树种子的形态特征,还能激发学生对生命不易的思考,珍爱生命。

(2)通过讲述杨絮和柳絮的形成是植物对环境长期适应进化的结果,增强学生战胜困难、克服困难的拼搏精神。只有这样,才能获得更多学习和工作的机会。

2. 教师的反思　杨絮、柳絮虽然很常见,但很少有人会去仔细观察它的形态特征。所以在介绍柳絮和杨絮的时候,一定要结合特征明显的柳树或杨树种子的照片或示意图,学生才能更好地去认识杨树和柳树的种子,才能更好地理解棉絮对种子传播的价值,才能启发学生去思考为什么要形成这样的结构特征,更好地体会生命的不易和生命价值。

3. 学生的反馈　听老师讲完之后有想去认真观察杨树和柳树种子想法,有点不那么讨厌杨树或柳树的棉絮了,更好地体会到植物的生存智慧。

案例二　种子休眠——把握时机,逆境而生

一、案例

种子是植物重要的繁殖器官,所以就需要重点保护。植物在长期的进化中除了进化出保护和协助种子传播的果皮外,还进化出适应环境的休眠战略。休眠是指种子成熟后,即使在适宜环境下也不萌发,而必须经过一段时间的休眠之后才能萌发的现象。

植物为什么要休眠?对于植物来说,休眠是一个至关重要的生长战略,是植物抵御和适应不良环境的一种保护性策略,是一种生存智慧。因为,植物只有与一定的环境条件相协调时才能维持生命,繁衍后代。在一年四季中光照强度、日照长度、温度等外界条件差异很大,许多植物都要经历季节性的不良气候时期,植物需要具有一定的保护机制以度过这个时期。大多数植物选择以休眠的方式来度过这个时期。

不同植物选择休眠的器官不同。多年生木本植物如遇不良环境时,如冬季低温,节间缩短,芽停止抽出,并在芽的外层出现"芽鳞"等保护性结构,以便度过低温环境。当逆境结束后,芽鳞脱落,新芽伸长,或抽出新枝;多年生生草本植物常以地下营养器官,如块根、鳞茎、根茎等进行休眠。

种子休眠是植物休眠的主要形式,多数植物以种子来休眠。引起种子休眠的原因很多,如人参、银杏是由于胚尚未发育完全;苹果、梨、桃是由于胚在形态上发育完全,但贮藏物质尚未转化成胚发育所能利用的状态,即所谓的后熟作用;豆科、锦葵科、茄科等植物的种子是由种皮太厚或有蜡质(硬实种子),不易透气透水造成的种皮障碍,影响种子萌发;还有一些植物的种子是由于在种皮等部位存在发芽抑制物造成的休眠。有些植物种子的休眠还可能是多因素引起的。

休眠这个词,由休息的"休"字和睡眠的"眠"字组成。通过休眠,野生的植物必须自己想办法来判断发芽的时期。如沙漠中的植物,种子内因含有发芽抑制物,只有经过一定雨量的冲洗后,种子才能萌发。如果雨量不足,不能完全冲洗掉抑制物,种子就不能萌发。从而使这些植物只有在雨季才能萌芽生长,而避开干旱时期。因此,休眠是植物适应环境的一种生存策略。

春天发芽的植物,大都有了抵抗严寒的经验,拥有冬天休眠、春天再醒来的一套生存

本领。这些植物知道,寒冬过后逐渐变暖的时候,就是春天来了。但是,一些植物的种子即使天气转暖却也还是不发芽的。野生的植物,即使满足了发芽的环境条件,也不会同时发芽,因为休眠后,觉醒过来的程度不相同,所以有的种子发芽了,有的种子没有发芽。而且,植物也不知道这时候自然界中发生了什么事情。如果同时发芽的话,赶上了自然灾害,植物的整个家族不就会遭遇灭顶之灾了吗。因此,植物选择让有些种子发芽得早,有些种子发芽得晚,还有一些种子不发芽而是继续在地下休眠。这样一来,就可以保证总会有能够幸存下来的植物。

生态学家把充满种子的土壤称为"种子银行"。野生的植物为了给紧急时刻做好准备,会在土地里面储存一些种子,然后让"种子银行"里的种子,一个一个的发芽。比如很多野草的种子都有感受光照就会发芽的特性。种子在土里面感受到了光照,也就意味着经过了除草、翻地,四周已经没有植物了。土里面的野草种子就会抓紧这次机会,赶快发芽成长起来。这也就是为什么我们每次除草之后,好像一眨眼的工夫野草就又冒出来了,而且还变得比原来更旺盛的原因。

"休眠是场时光之旅",萌芽时机有优劣之分。一粒种子只有一次机会可以萌芽,所以一定要掌握正确时机。对于埋在土里的种子,时机和气候都是未知的情况。植物若不让部分种子休眠,以分散完全绝种的风险,就会被淘汰。失去所有后代的风险对一年生植物来说最为重大,所以在土壤中的"种子银行"里,以一年生植物和其他寿命较短的植物最为丰富,所以有"撒种一年,除草七年"的说法。

我们人类也一样,面对成长过程的重要时机,要善于把握机会,懂得分散风险,做出正确的选择。在遇到逆境或风险时,善于与环境作斗争,好好学习专业知识,学习生存的本领和技能,才能不会被社会所淘汰。

二、教学设计与实施过程

本案例主要采用课堂讲授法、讨论法、启发式教学法和互动式教学法。

课堂采用这几种教学方法相结合,以学生为主体,教师为主导,营造一种良好、平等的教学环境。在课堂开始后先通过讨论植物是否有休眠特性,引出本节课内容,接着采用课堂讲述的方式介绍植物休眠的概念、休眠的类型、引起休眠的机制。在介绍种子休眠时,引入案例,并设置植物为什么要休眠,对植物自身的生存有什么好处等一些问题,展开课堂讨论,激发学生主动探索的兴趣,根据学生的发言,给予正向的反馈,引导学生学习植物的生存智慧,在生活中要善于把握机会,懂得分散风险,提升学生在遇到困难或风险时的拼搏精神,拓展学生的思维,增加学生的课堂体验感。

三、教学效果

1. 教学目标达成度

(1)通过讲述种子休眠是植物一种保护特性的生存策略,加深学生对不同植物休眠机制的理解,激发学生在生活或学习过程,也要懂得分散风险,进行适当休眠。

(2)通过介绍不同植物采取不同的休眠方式来应对不良环境,培养学生勇于面对困难、战胜困难的勇气。

2. 教师的反思　植物为什么要休眠？一些动物为什么要冬眠？只有给学生讲清楚休眠的生态学意义，才能激发学生思考植物为什么要休眠，激发学生思考人类面对预知风险的来临时，是否也能采取一些措施规避风险呢？

3. 学生的反馈　原来植物如此聪明。

案例三　种子——探索精神、三农情怀

一、案例

种子是种子植物特有的繁殖器官，只有裸子植物和被子植物才有种子。种子由受精后的胚珠发育而来，一般由种皮、胚、胚乳三部分组成。胚又由胚芽、胚根、胚轴和子叶四部分组成。种子萌发时，胚芽发育成新植株的地上部分，胚根发育成植株的地下部分，逐渐成长为新的植株。

种子萌发形成幼苗的过程是一个复杂的生理生化过程，需要同时满足内因和外因两个条件。种子萌发需要满足自身内在条件，如籽粒饱满、具有完整的胚、已度过休眠期。种子萌发还需要适宜的温度、充足的水分、足够的氧气，有些植物还需要光照等外界环境条件。只有在内外条件都满足时才能萌发成一株健壮的幼苗。

袁隆平院士常说"人生就像种子，要做一粒好种子"。一个人活在世界上，总要留点东西，大人物建功立业为人类发展贡献超强力量，普通人同样也可以奉献一点点光和热。就像袁隆平所说的，"种子健康了，我们每个人的事业才能根深叶茂，枝粗果硕。"做一粒好种子，开自己的花、结自己的果，愉悦自己的同时为社会进步提供力所能及的力量，也许这就是袁隆平带给我们的最大启示。

人就像一粒种子，每个人都有自己的潜力和特点，只要给予适当的环境和条件，就能成长为一粒好种子。一粒好种子需要有良好的生长基础，就像种子需要有足够的营养储备和完整的胚才能生根发芽。人也需要有健康的身体和良好的心理状态才能茁壮成长，是学习、生活和工作的基础。

"杂交水稻之父"袁隆平院士穷尽毕生精力，去追求他的"禾下乘凉梦""杂交水稻覆盖全球的梦"，用一粒种子改变了世界，让14亿中国人乃至世界人民远离饥饿。

袁隆平院士本人就是一粒卓越的种子，正是其用一生去追求、去奋斗、去耕耘，在他最热爱、最熟悉的田地里结出了丰硕的果实。杂交水稻技术的研究、应用与推广，成为袁隆平毕生的志业。袁隆平一生以祖国和人民需要为己任，以奉献祖国和人民为目标，一辈子躬耕田野，脚踏实地把科技论文写在祖国大地上的浓厚情怀，为我国粮食安全、农业科技创新、世界粮食发展作出重大贡献。

传承是最好的纪念。袁隆平院士带着种子的梦去向远方，无数个种子的梦生根发芽。我们要像袁隆平那样做一粒好种子，做一粒健康、勤奋好学的好种子。只有自己的专业知识扎实了，才能在未来的工作中产生更高的价值。

做一颗创新、奋斗的种子。袁隆平说，"书本电脑里面种不出水稻来，只有在田里才

能种出水稻来。"最简单的道理中,蕴藏着他脚踏实地、孜孜奋斗的做人做事风范。作为一名"稻田的守望者",他像普通农民一样贴近大地,双脚坚实地踩在田间地头。我国的中医药事业正在蓬勃发展,但许多难题还未解决,我们应传承袁隆平院士的这种躬行实践的赤诚之心,用汗水浇灌收获、以实干笃定前行,才能为我国的中医药事业添砖增瓦。

做一颗爱党爱国爱人民的好种子。袁隆平说,"我要为让中国人吃饱饭而奋斗",最朴素的愿望里满载着他对党、对国家、对人民的拳拳之心。他曾亲眼见过群众饱受饥饿折磨,从学生时代便立下学农的志向,决心用知识寻找"不再饿肚子的方法";面对美国经济学家"谁来养活中国"的疑问,他带领科研团队几十年如一日埋头苦干,一次次刷新水稻产量的世界纪录,又一次次向着更高的目标进军。作为中药人,保障国家中药材安全、力争让每一个中国人都能看得起病、吃得起药,是我们每个中医药人应坚守的梦想。

我们每个人都要像袁隆平一样做一粒好种子,将个人梦融入中国梦,在祖国的大地上生根发芽、培养浇灌,在平凡的岗位上执着坚守,在自己的领域里创造成绩,不负伟大时代,开拓伟大事业。每个人用自己的方式解锁袁隆平院士用"一粒种子改变世界"中的"精神密码"。

二、教学设计与实施过程

本案例主要采用课堂讲授法、启发式教学法和互动式教学法。

课堂采用这几种教学方法相结合,以学生为主体,教师为主导,营造一种良好、平等的教学环境。在课堂开始后先通过课堂讲授介绍种子萌发的内外条件,接着引入袁隆平院士的"人生就像种子,要做一粒好种子"名言,通过讲授袁隆平对世界水稻育种的贡献,设置人应该做什么样的种子等一些问题,展开课堂讨论,激发学生主动探索种子奥秘的兴趣,根据学生的发言,引导学生认识到种子对植物的重要性,了解袁隆平对杂交水稻育种领域做出的巨大贡献,进一步学习袁隆平勇于探索、心系百姓、无私奉献的科研精神,拓展学生的思维,培养学生的科研动力,增加学生的课堂体验感。

三、教学效果

1. *教学目标达成度*

(1)通过讲述植物种子是植物生命的延续,加深学生对种子作为繁殖器官的认识,较好地激发学生探索种子奥秘的兴趣。

(2)通过介绍袁隆平院士对杂交水稻育种的贡献,很好地激发了学生的科研探索精神,激发学生也要做一粒健康向上、勇于创新和爱党爱国的好种子。

2. *教师的反思*　本案例通过引导学生对袁隆平院士在杂交水稻育种方面的贡献和科研精神进行相关探讨,发现互动式的教学能够提高学生的课堂参与度,肯定学生的发言,更能激发学生对课堂的学习热情,使学生掌握基本知识,树立正确的价值观,获得更好的发展,要做好这一点就需要提前对课堂探讨内容进行设计与构思,同时在教学活动过程中要注意所讲授内容是否能够引起学生的兴趣,并应给予学生主动思考的时间与空间。

3. *学生的反馈*　课堂上通过袁隆平院士的事迹使得学生对科学家的科研精神有了

更立体的理解,加强了学生与教学内容之间的联系,课堂互动提高了学生学习的主动性与积极性,增强了学生对种子的理解与掌握,同时引导学生树立正确的人生观与价值观。

案例四 种子的组成——科学探索精神

一、案例

种子植物开花授粉受精之后,胚珠发育成种子,子房发育成果实。种子是种子植物特有的繁殖器官,其在形态、大小、颜色上随植物种类而异。大多数植物的天然种子都由种皮、胚、胚乳三部分组成。

种皮由珠被发育而成,位于种子的外层,可避免水分的丧失、物理损伤和病害侵染,有保护里面的胚和胚乳的作用。成熟的种皮上常见种脐、种孔、合点、种脊、种阜等一些结构。

胚乳是种子中储藏淀粉、蛋白质、脂肪等营养物质的薄壁组织,由胚囊中的极核细胞受精后发育而成,含有大量的营养物质,是种子萌发生长不可缺少的营养来源。但也有些植物除了具有正常的胚乳外还具有由珠心或珠被细胞未被完全吸收而形成的外胚乳,如槟榔、肉豆蔻等。也有一些植物的种子在发育过程中,胚乳被胚吸收利用,导致种子成熟时没有胚乳,但有两片肥大的子叶来储藏营养物质。

胚是种子中尚未发育的新个体,由受精卵发育而成,是种子中最重要的部分,常由胚芽、胚轴、子叶、胚根4部分组成。将来种子萌发后即可发育成一个完整的植株。

种子不仅是植物传种续代繁衍之本,而且也是人类衣食之源。粮食生产受到多种主客观条件的制约,水、肥料、土壤、种子对粮食生产都有极大的影响,其中种子的优劣更是一个关键因素。多年来,科学家采用传统的"杂交"良种研究法,杂交产生的良种对提高粮食产量起过很大的作用。例如杂交水稻良种推广后可大面积增产,是一个成功的范例。但是培育的杂交品种往往只有一代或者几代具有优势。因此,杂交制种需要专门的"制种田",这一缺陷很大程度上限制了其发展。

随着科技手段的进步,人们利用组织培养技术制造出了人工种子。人工种子又称人造种子,是细胞工程中最年轻的一项新兴技术。

现代遗传学研究证明,植物细胞具有全能性,每一个细胞都有可能生成一株完整的植株。1958年,美国科学家斯蒂伍德将一棵胡萝卜须根上的细胞取下,经人工培养成了完整的胡萝卜植株并开花结果,这种方法是在玻璃试管中完成的,从此开创了"试管苗"的先河。但是,这种试管苗的培育环境需要无菌而且要求营养丰富,把试管苗移种大田,条件的变化使其成活率非常低。

1978年美国生物学家穆拉希格提出人工种子概念,他认为利用体细胞胚发生的特征,把它包埋在胶囊中,可以形成具有种子的性能并可直接在田间播种。1986年Redenbaugh等成功地利用藻酸钠包埋单个体细胞胚,生产人工种子。我国也于1987年将人工种子列入国家高新技术研究与发展计划(863计划)。

经过20多年的努力，人工种子研究已取得了很大进展。一种新型的、像一粒粒小胶丸样的人造种子，正在雄心勃勃地带领着古老的种植业迈向新时代。人工种子的出现为解决日益困难的粮食问题带来了新曙光。

人造种子制作过程是先把植物幼苗的嫩茎切成极小的碎片，这些碎片叫胚状体，根据生物工程原理，每一碎片，经处理后可长出根、茎、叶，成为一株幼苗。胚状体很娇嫩，为了适应环境必须给它穿上"外衣"，即给它包上一层如天然种子种皮一样的营养层和保护层，营养层是胚状体萌发及发育的营养物质，保护层是一种入土后能自行溶解的高分子材料。

人造种子有很多优点，可对一些自然条件下不结实的或种子很昂贵的植物进行繁殖，而且不受季节限制；人造种子可以保证种子发芽整齐划一，有利于机械化管理和收获；人造种子可以在制作的过程中用刺激细胞变异的方法，培养新品种或增强某种有用性而获得高产优质的种子；可以保存及快速繁殖脱病毒苗，克服某些植物由于长期营养繁殖所积累的病毒病；人造种子还可加入天然种子没有的特殊成分，如各种生长调节物质、菌肥、农药等，可人为地影响控制作物生长发育；人造种子的使用可以节约大量的粮食；与试管苗相比，繁殖速度快，运输方便（体积小），可直接播种和机械化操作。

但是，植物人工种子的制作，是在组织培养基础上发展起来的一项新的生物技术，仍有许多局限性。绝大多数人工种子发芽需要无菌条件，所以，还不能实现广泛应用。另外，人工种子的制作费用过高，并且在应用上需要的各个环节的配套设施的费用昂贵，技术也不够成熟，农民对人工种子还比较陌生，不熟悉，不了解，自然没有什么兴趣，这些都限制了人工种子的推广。人工种皮的透水性和透气性差异比较大，制造人工种皮的质量不能保证，导致胚不能正常发育，影响正常耕种。

上海复旦大学已研制出芹菜、花椰菜的人造种子，正向高难度的水稻种子进军。相信在不久的将来，人造种子工厂将大批生产各种优良种子，种植时只要从工厂得到各种优良种子即可，抛弃传统的农作物在收获期留种的方法，这会为解决粮食生产不足问题带来新的希望。

针对大多数药用植物常采取营养器官繁殖、品种退化严重的问题，如果能制造出人工脱毒苗、人工种子，将提高药材的品质和产量，在中药材栽培方面具有很大的应用前景，但目前技术还不成熟，还需要继续探索研究，借此激发学生的科研探索精神。

二、教学设计与实施过程

本案例主要采用课堂讲授法、互动式教学法和启发式教学法。

课堂采用这几种教学方法相结合，以学生为主体，教师为主导，营造一种良好、平等的教学环境。在课堂开始后先介绍植物种子的组成，在天然种子的基础上，引入人工种子的案例，并设置有关人工种子的研究背景、优缺点、应用前景等一些问题，组织课堂讨论，激发学生主动探索人工种子的科研兴趣，根据学生的发言，给予正向的反馈，引导学生树立正确的科学观。通过本案例的引入，拓展学生的科研思维，培养学生的家国情怀，增加学生的课堂体验感。

三、教学效果

1. 教学目标达成度

（1）人工种子的开发研究比较新颖，能吸引学生的学习兴趣，通过介绍人工种子的制造原理、工艺，不仅加深学生对种子结构的认识，还能激发学生参与研究人工种子的热情。

（2）人工种子在中药材生产上还处于起步阶段，通过简述人工种子的优点和应用前景，激发学生对中药材人工种子生产的科研探索动力。

2. 教师的反思　人工种子是一项新技术，学生学习兴趣高，易引起学生的探索兴趣。

3. 学生的反馈　第一次听说人工种子，虽然原理很简单，但制备工艺复杂，还有许多问题需要研究解决。

案例五　子叶——奉献精神

一、案例

种子一般由种皮、胚、胚乳三部分组成。种子的这三部分分别担负不同的生理功能。胚是种子中最为重要的部分，是幼小的植物体，种皮和胚乳均是为胚的发育保驾护航的。胚由胚芽、胚根、胚轴、子叶四部分组成。种子萌发后胚芽发育成植株的地上部分的茎叶，胚根发育为植株的地下根系，胚轴发育为连接根茎之间的部分，那子叶呢？子叶起什么作用呢？

子叶指新植物体最早的叶，是胚吸收和贮藏养料的器官，占胚的较大部分。子叶的数目、生理功能因植物种类不同而异。所以根据种子内子叶的数目可以把被子植物分为双子叶植物和单子叶植物。单子叶植物常具1枚子叶，双子叶植物具2枚子叶，裸子植物具多枚子叶。一般来说植物的子叶比较小，但是有些植物的子叶在种子发育过程中，逐渐吸收胚乳中的营养，发育为2枚肥大的子叶，代替胚乳承担起为种子萌发提供营养的功能。有些植物的子叶萌发后变成绿色进行短期光合作用，也有些植物的子叶主要分泌酶类，以消化吸收胚乳的营养。

根据种子萌发时子叶是留在土里还是露出土面，常将幼苗分为子叶出土型和子叶留土型两种类型。子叶出土型幼苗：种子萌发时，随着胚根突出种皮，下胚轴背地性迅速伸长，将上胚轴和胚芽一起推出地面，结果是子叶出土。幼苗在子叶以下的主轴部分是由下胚轴伸长而成，子叶以上和第1片真叶之间的主轴是由上胚轴形成。如甘草、当归、大豆、蚕豆、花生、绿豆等。幼苗在真叶未发育前，子叶出土后产生叶绿体，并变成绿色，可暂时进行光合作用，以后胚芽发育形成地上茎和真叶，子叶内营养耗尽即枯萎脱落。由于这类植物的子叶出土，出土时受到的阻力较大，所以播种时应适当浅播。

子叶留土幼苗：种子萌发时，仅子叶以上的上胚轴或中胚轴伸长生长，它们连同胚芽向上伸出地面，子叶留于土壤中，如薏苡、百合、山药等。该类型的子叶是吸收和贮藏营养物质的器官，主要为种子萌发时提供营养物质，营养耗尽后脱落。由于这类植物的子叶不出土，出土时受到的阻力比较小，所以播种时应该适当深播。

但是不管是哪种幼苗出土类型，子叶一生都在为胚的发育、种子的萌发、幼苗的生长无私提供自己储藏或制造的营养物质。我们个人也一样，不管是在一个宿舍、班级、还是一个更大的集体中，都是团体的一分子，都应发挥自己的聪明才智，无私贡献自己的力量，不仅收获更大的团体价值，也能体现自己的个人价值。

二、教学设计与实施过程

本案例主要采用课堂讲授法、启发式教学法和互动式教学法。

课堂采用这几种教学方法相结合，以学生为主体，教师为主导，营造一种良好、平等的教学环境。在课堂开始后先通过讲授法介绍种子的组成、幼苗的出土类型等内容，在介绍子叶对种子萌发、幼苗生长影响的基础上，引入案例，并设置子叶对幼苗生长都有哪些作用，幼苗是否出土与农业播种深浅有何关系等一些问题，组织课堂讨论，激发学生主动探索子叶的兴趣，根据学生的发言，给予正向的反馈，引导学生学习子叶的形态特征，了解子叶对种子萌发和幼苗生长的营养作用，进一步学习子叶的无私奉献精神，拓展学生的思维，培养学生的家国情怀、集体精神，增强学生的课堂体验感。

三、教学效果

1. 教学目标达成度

（1）通过讲述子叶在种子构成、种子萌发、幼苗发育过程的作用，让学生对子叶的生理功能有更深刻的认识，培养学生的无私奉献精神。

（2）通过讲述幼苗出土的类型，加深学生对种子构造和各组成部分功能的认识，增强学生指导生产实践的能力。

2. 教师的反思　学生对子叶的形态不太了解，讲授时可以带上一粒黄豆芽和一粒麦芽，让学生直观地认识子叶的形态特征，才能更好地理解其生理功能和奉献精神。

3. 学生的反馈　不管子叶的大小、数量，都是种子胚的重要组成部分，都为胚的发育贡献自己的力量。

第十章　植物分类

植物分类是认识和利用植物的基础。植物分类学不仅要认识植物、给植物命名和描述特征，还要建立能体现各种演化关系的分类系统。学习药用植物分类学的目的，首先是认识植物，在认识植物的基础上，对植物加以区分，再去了解与利用植物，澄清名实混乱，扩大药源，保证用药安全，服务于生产和经济建设等。

植物界的分类等级（分类单位）包括界、门、纲、目、科、属、种。科是生殖器官特征相近的一群植物的集合。药用植物学中，科是重要的分类等级。所以，学习药用植物学应注重科及科以下的分类等级。对于被子植物，重点掌握的是科、属、种三级。其中种是植物分类的基本单位，是药用植物分类中最重要的分类等级，所有的药用植物以及中药材的来源均需要鉴定到种。植物的学名由属名+种加词+命名人姓名缩写三部分组成。整个植物界可以分为藻类植物、菌类植物、地衣植物门、苔藓植物门、蕨类植物门、裸子植物门和被子植物门。

藻类植物是原植物体，无根、茎、叶分化的低等植物，是自养植物、无胚植物，分为8个门。菌类植物是无根、茎、叶分化，无光合色素的异养植物，形态上有菌丝体和菌丝组织体之分，可食用、药用、造酒等，分为5个亚门。地衣植物门是一种藻菌共生的低等植物，具有顽强的生命力。苔藓植物门是具有茎、叶分化、无真根、自养的高等植物，在其生活中配子体发达，孢子体不发达需寄生在配子体上才能存活。蕨类植物是维管植物，是孢子体发达、配子体不发达的一类世代交替明显的高等、有胚植物。裸子植物和被子植物为种子植物，以种子进行繁殖，种类多、分布广、结构复杂，药用植物种类多。裸子植物多为木本，具有颈卵器和多胚现象，花无花被，为隐花植物，种子无果皮包被。被子植物是孢子体高度发达，具有真正的花，种子有果皮包被形成果实的一类植物。被子植物中作为药用植物的种类最多，形态特征多样，应重点掌握那些药用植物分布比较多的科。

一、教学目标

1. 知识目标

（1）掌握各类或各门植物的一般特征，重点科及其代表药用植物的形态特征。认识一定数量的药用植物种类。

(2)熟悉植物各类或各门植物的分类情况。

(3)了解各类或各门植物的药用资源的分布和使用情况。

2.能力目标

(1)具有利用植物分类检索表鉴定、描述药用植物种类特征的基本技能。

(2)具有识别药用植物种类的基本技能。

3.思政目标 树立正确的价值观,培养学生的家国情怀、科学精神、文化素养、中药思维,重视人文关怀、职业道德及个人品格的提升,建立学生的专业自豪感。

二、相关知识板块的思政元素分析

1.家国情怀(爱国主义、社会责任、无私奉献) 《中国植物志》是目前世界上最大型、种类最丰富的一部巨著,全书80卷126册,5000多万字,记载了我国301科3408属31142种植物的科学名称、形态特征、生态环境、地理分布、经济用途和物候期等。《中国植物志》的编撰是在国家大力支持,众多科学家历尽千辛万苦才完成的一部巨著,体现出我国植物学家的爱国主义、社会责任和无私奉献精神。

焦裕禄为了让老百姓能吃饱穿暖,克服困难、辛勤工作,引进耐盐碱的泡桐解决了兰考县的三害问题,这种一心为群众的无私奉献精神需要发扬光大。

2.科学精神(创新精神、探索精神、三农情怀) 科研是无止境的,科研是逐步发展的,科研也是解决生产问题的基础。植物的分类方法、分类系统不断融入新技术、新理论,体现出多学科的交叉融合。中国海带人工养殖的成功,填补了我国海藻养殖的空白,为我国海洋农业的发展做出了重要贡献。中国蕨类植物分类系统的建立是秦仁昌先生克服重重困难研究的成果。科学家们对科研的热爱和勇于攀登的科研精神值得去发扬光大,科学家们对科学研究执着追求的工匠精神、"大国三农"情怀值得我们去学习。

3.法治意识(诚实守信、生态文明、环境保护) 随着科技的进步、人们生活水平的提高,对健康保健的要求提高,对野生中药材的盲目热捧,导致许多名贵中药材被过度采挖,野生资源被严重破坏,如藻类植物发菜、冬虫夏草等野生资源受到严重破坏,甚至出现以假乱真、以次充好,借此培养学生诚实守信、生态文明和环境保护意识。针对这些情况应该在大力研究其人工栽培、培育的基础上,制定合理的采挖、使用和保护计划,进而培养学生的生态环保意识,激发学生的社会使命感和专业责任感。

4.文化素养(学传统、学文化、学知识) 中华传统文化博大精深、包罗万象,有关植物的诗词歌赋、谚语、书画雕刻对联、经史子集不胜枚举,本草释名文化丰富多彩,培养学生对传统文化的鉴赏能力,增强文化自信,学习莲的出淤泥而不染的纯洁高尚的品格和梅、兰、竹、菊蕴含的优秀传统文化知识。

5.人文关怀(拼搏精神、奋斗精神) 地衣因能分泌地衣酸,成为土壤的开拓先锋。苔藓对环境非常敏感,可作为环境的开拓者和环境污染的指示者。地衣和苔藓在开疆扩土方面均体现出不屈服的挑战精神。苔藓植物的个体虽小,但为了生存,为了繁殖自己的后代仍在与环境作斗争,正如清代诗人写的那样"苔花如米小,也学牡丹开",都体现出一种顽强拼搏、乐观自信的奋斗精神。卷柏又名"九死还魂草"表现出其卓越的抗旱能力。"大雪压青松,青松且挺直"表现出松树极高的抗寒能力,表达着其生命力的顽强和对环境的挑战精神和坚韧不拔的品质。

6. 职业道德（团结协作）　地衣植物的生长需要藻类和菌类植物间的紧密配合，二者之间只有合作才能共赢，诠释了不管是个人还是一个社会或国家都处在一个命运共同体中，只有团结合作才能共赢。

案例一　植物分类学——家国情怀和工匠精神

一、案例

地球上植物约有50万种，它们种类繁多，形态、结构、习性各异。人类要认识、利用这些植物，就必须对它们进行识别、命名和分类。植物分类学不仅要认识植物，给植物命名和描述特征，还要建立能体现各种演化关系的分类系统。利用植物分类学知识，可进行药用植物的鉴定、引种、驯化和育种等，服务于生产和经济建设。所以分类是为了更好地利用植物，为农业生产、资源开发、利用、保护和经济建设服务。

植物分类学是将植物界现存的所有分类群，按照亲缘关系逻辑划归于不同分类等级系统中，形成全球或区域、国家或地区的植物名录，并以此为线索将各研究领域收集的相关信息和资料有机组织起来，建立植物分类群名录、图像、描述、同源植物等，形成资料储存、交换、利用和保护的平台，便于不同领域工作者利用、指导生产和满足科研需求。所以，植物分类学的主要任务有分类群的描述和命名，这也是植物分类学的首要任务。其次是探索植物"种"的起源与演化，为建立科学的分类系统提供依据。然后按照亲缘关系远近，确定各自的等级和排列顺序，建立或修订能反映演化过程的系统发育分类关系。最后运用植物分类学知识，对某国家、地区、用途或特定分类群的植物进行采集、鉴定和描述，编写不同用途的植物志。

我国疆土辽阔，自然条件复杂，孕育着极其丰富多彩的植物种类，为全世界所瞩目。早在18~19世纪，许多外国人就不断地到我国来考察和采集植物。但所采集的标本被全部带走，保藏在他们各自国家的标本馆中。依据这些标本发现了大量的新科、新属、新种。但这些标本和文献资料分散于世界各地，给中国植物学家研究中国植物带来了很大的困难。随后我国老一辈植物分类学家，如秦仁昌、陈焕镛、钱崇澍、吴韫珍、吴征镒等，自20世纪初也陆续开始采集植物标本，并先后到欧美各国查阅保藏在那里的植物标本和有关文献资料。老一辈植物分类学家的辛勤努力，积累了极其珍贵的科学资料，为《中国植物志》的编研打下了十分坚实的基础。

1958年《中国植物志》的编研工作启动。首先，在1959年5月由钱崇澍、胡先骕等26位植物学家联名在《科学报》上倡议编写《中国植物志》。同年8月上报中国科学院，请求成立《中国植物志》编辑委员会，于10月获正式批准。中间经过10多年的停滞期，于1978年开始，《中国植物志》的编研工作又一次迎来了科学的春天。国家在1978年春召开了全国科学大会，强调"科学技术是第一生产力"。在这一形势的鼓舞和各项资金的注入下，《中国植物志》各卷册陆续出版，终于在2004年9月完成了《中国植物志》这一巨著的全部卷册。此书的编撰初步摸清中国维管束植物家底,在提高公众对生物多样性的认识等方面发挥巨大作用,为合理开发利用植物资源提供最为基础的信息和科学依据,为国家可持续地开发生物资源作出巨大的贡献。

《中国植物志》是目前世界上最大型、种类最丰富的一部巨著,全书80卷126册,5000多万字,记载了我国301科3408属31142种植物的科学名称、形态特征、生态环境、地理分布、经济用途和物候期等。该书基于全国80余家科研教学单位的312位作者和164位绘图人员80年的工作积累、45年艰辛编撰才得以最终完成。此书的出现大大方便植物学相关领域方面的研究,为我国乃至世界的科学研究都具有极大贡献。这不仅实现了中国几代植物分类学家的夙愿,也充分体现了一代又一代植物科学家的科学坚守精神和精益求精的大国工匠精神,展现了科学工作者伟大的爱国情怀。通过一串串数字,激发学生学习科学家们的家国情怀、奉献精神、科研精神和大国工匠精神。

二、教学设计与实施过程

本案例主要采用课堂讲授、举例法、启发式教学法和互动式教学法。

课堂采用这几种教学方法相结合,以学生为主体,教师为主导,营造一种良好、平等的教学环境。在课堂开始后先通过课堂讲授介绍全球植物种类的多样性,引入植物分类学的重要性,继而在介绍植物分类学的研究目的和任务时,引入案例,并设置为什么要编写植物志,有谁使用过中国植物,《中国植物志》的编写历程等一些问题,展开课堂讨论,激发学生主动探索的兴趣。了解《中国植物志》的编写历程,让学生理解此书编写时的艰难历程和对世界植物学研究的贡献,进一步学习众多科学家的科研探索精神和为科研事业献身的使命担当、家国情怀,拓展学生的思维,增加学生的课堂体验感。

三、教学效果

1. **教学目标达成度** 本案例通过教学内容的讲授与启发式和互动式的教学,帮助学生了解《中国植物志》编撰历史和此书对世界植物学研究的影响;同时及时融入相对应思政元素,通过一串串数字,不仅让学生深刻体会到《中国植物志》的来之不易,学习老一辈科学家的责任担当和不怕吃苦、勇于攀登的科研精神,更让学生认识到植物分类的重要性,激发学生的学习积极性和专业自信。通过课堂讨论与提问的方式,实时掌握学生对知识的理解程度,引导学生深入思考,教学目标达成度较高。

2. **教师的反思** 学生对《中国植物志》这本书比较陌生,没有使用过,对其编撰历史不了解,教师可以现场打开《中国植物志》的电子版,搜索一种大家都比较熟悉的植物,让学生深切感受到植物志给大家带来的便利。再介绍《中国植物志》的编撰历史,会对学生产生更加深刻的影响,对学生的思政教育效果更好。

3. **学生的反馈** 通过一串串数字,深知这本书艰难的编撰历史,是众多科学家付出大量心血才得以完成的,我们要珍惜他们的成果和今天的学习机会,好好利用《中国植物志》这本工具书和相关电子资源。

案例二　药用植物命名——科学探索精神

一、案例

人类在生产和科学研究中,常常给不同的植物取不同的名称以资区别。在不同国家、地区或民族间对同一种植物都有各自的通俗名称,即俗名。俗名常具描述性和形象性,在一定区域内通用,一说皆知,如七叶一枝花、三枝九叶草、人参等;但俗名也有局限性,"同物异名"或"异物同名"比比皆是,如我国4科16种植物均有"白头翁"之称,这就造成识别、利用植物以及科学普及与成果交流的障碍。因此,在1900年的巴黎国际植物学大会上制定和通过了《国际植物命名法规》(*International Code of Botanical Nomenclature*,ICBN),作为全球植物学家处理植物名称时必须遵守的规则,规定植物命名以拉丁语为标准,给每一植物"种"制定世界各国可统一使用的科学名称,简称"学名"。后来该法规又经几次修订,其规则和辅则普遍适用于林奈二界分类中植物分类群的命名,是各国植物学者命名工作所共同遵循的文献和规章。

中药中常用的白术和苍术,在《神农本草经》中统称"术",然而却是两种药用植物(中药材),南梁时候的陶弘景将"术"分为白术和苍术,认识到了《神农本草经》中"术"的同名异物。家喻户晓的王维诗句"遥知兄弟登高处,遍插茱萸少一人"中"茱萸",到底是哪种植物? 是植物山茱萸,还是吴茱萸,或是食茱萸? 目前学术界仍有争议。又如益母草这种植物,在不同的地区有不同的叫法,有些地方叫"坤草"(益母草有活血调经的作用,为妇科要药,按照八卦,坤为母亲,为女性,益母草对女性有益,故叫坤草),有些地区叫茺蔚(《本草纲目》"此草及子皆充盛密蔚")等。

李时珍当年行医时候觉得医书所记载药物与药物实体存在出入,耗时27年调查研究考证并编著《本草纲目》。清代河南固始人吴其濬在其所著的《植物名实图考》中非常重视植物的同名异物和同物异名的考订,并绘制植物插图,收载植物1714种,纠正了部分古书中的谬误。

每一个中药的命名都是对药物某种物性或特征的高度概括,是便于药物传播的经验性总结,形成了取类比象思维,也即是中医药思维。本草药名以其丰富的内涵,成为中国传统文化的一个特殊载体。每一味本草的文献名反映了我国灿烂的古代文化,它的地方名反映了我国辽阔的疆土地域,它的商品名反映了历代中药商品经济的发展,它的植物名则反映了现代科学对中药的探索和整理。通过引导学生了解中药命名方法的形成和发展历史,引出中医药思维的形成过程,传承和发展我国的中医药文化,增强学生的文化自信。

生物界面临的同名异物、同物异名现象不止存在于我国,也存在于其他国家。为解决药用植物名实混乱的问题,中外很多科学家做了尝试和探索。瑞典植物学家林奈倡导的双名法,提出植物物种的命名以属名+种加词双名的形式,也是国际通用的命名法,广泛应用于生物界。从这个过程让学生意识到目前采用的"双名法"是古今中外科学家经过不断探索发现完善的,最终生物界的物种都有唯一一个合法的双名法名称,因而促进了国际学术的交流,应用在中药中有利于其正本清源。

可以看出科学问题的提出来源于实际需求,通过古今中外的科学家的长期探索,最终广泛应用的双名法脱颖而出并不断完善。植物命名法规的统一有助于解决药用植物以及中药中广泛存在的名实不符现象,有助于保证中药研究中基源植物的可靠性,进而保证临床疗效,也有助于国内外的交流。以此激发学生对科学问题的探索精神,对生命的尊重,对中医药现代化中的"拿来主义"的应用。

二、教学设计与实施过程

本案例主要采用课堂讲授法、启发式教学法和互动式教学法。

课堂采用这几种教学方法相结合,以学生为主体,教师为主导,营造一种良好、平等的教学环境。在课堂开始后先通过课堂讲授植物规范命名的必要性,引入植物的命名法则,继而在介绍中药药名不统一的基础上,引入案例,并设置中药中有哪里同名异物或异物同名现象,给中药的临床用药带来哪些安全隐患等一些问题,开展课堂讨论,激发学生主动探索植物学名的兴趣,引导学生学习众多科学家为解决名实混乱问题而进行的科研探索。通过了解林奈的"双名法"对生物界做出的巨大贡献,进一步学习林奈的科学研究的全球思维和敢于探索、创新的科研精神,拓展学生的思维,培养学生的科研热情,增加学生的课堂体验感。

三、教学效果

1. 教学目标达成度

(1)通过同名异物和同物异名现象的引出,让学生意识到在保障人民群众健康和国际交流中,中药(药用植物)名实相符的重要性,树立起严谨的科学精神。

(2)通过解决这些问题的古今中外科学家的探索,让学生意识到科学研究有时候不是一蹴而就的,是要经过漫长的探索,树立不怕艰辛、勇于探索的科学精神。

(3)在解决名实不符问题时,通过古今中外科学家的探索,瑞典生物学家林奈倡导的双名法,有助于我们核实传统中药基源植物的正确性,让学生意识到"拿来主义"在中医药现代化中的作用。

2. 教师的反思　在教学中应用什么样的方式引出所面临的科学问题,面对这个问题古今中外的一些科学家是怎么探索的?为什么林奈倡导的双名法能够在全世界学术界通用?通过这一系列的问题,引导学生学习的兴趣,同时将科学的探索精神、对生命的尊重、对"拿来主义"的认识等思政元素润物细无声地融入教学过程中。

3. 学生的反馈　通过例子引入的方式,学生对植物(中药)命名混乱现象有了认识,同时充分意识到了双名法的重要性,以及保证中药科研临床有效的作用,让学生意识到中医药现代化研究中要充分发挥"拿来主义",建议可以放入这些关键事件背后的科学家及相关著作图片,以激发学生对古今科学家探索精神的崇拜。

案例三 药用植物分类方法——多学科融合、传承与创新

一、案例

植物分类学是研究植物类群的分类，探索植物起源和亲缘关系，阐明植物界各类群间进化发展规律的学科，主要包括鉴定、命名和分类三部分内容。它是一门理论性、实用性和直观性均较强的生命学科。药用植物分类学采用了植物分类学的原理和方法，对有药用价值的植物进行鉴定、命名、分类和合理开发利用。

植物分类学是一门历史悠久的学科，在人类识别、利用植物的实践中不断发展和完善。早期植物分类学只是根据植物的用途、习性、生境等进行分类；到中世纪还仅根据植物的外部形态差异来区分种、属、科及科以上大单位的分类；近代科学的发展大大促进了植物分类学的深入研究，对植物种、属、科之间的亲缘关系逐渐有了较为清晰的认识。随着科学技术的进步和学科间的相互渗透，植物分类学近几十年来得到了迅速发展，产生了许多新的研究方法，这些方法在植物分类研究中的应用，使得植物分类系统更加趋于客观合理，符合客观实际。主要有以下几种分类方法。

形态分类学方法，是根据植物外部形态特征进行分类，包括野外采集、观察和记录等野外研究和实验室鉴定，在此基础上通过对外部形态进行比较、分析和归纳，建立分类系统或对分类系统进行修订。如对芍药属牡丹组64个居群进行了考察和取样，在性状分析的基础上检查了各个分类群的问题，考察了全部模式种，对该分类群作出分类修订。这是最常用也是最基本的分类方法，但是对有争议的疑难类群的鉴定往往要借助其他方法进行修订、重建，才能建立更合理的分类系统。

显微结构分类方法，是利用显微镜观察植物器官外部或内部的主要显微特征，通过比较、分析和归纳对药用植物进行分类鉴定。例如，柴胡木质部的木纤维束排列成断续的环状，狭叶柴胡木质部的木纤维较少且散列，该特征可以作为区别两者的依据。此外，粉末特征也是进行显微构造分类鉴定的重要依据。随着中药材规范化种植的发展，如何快速鉴别栽培和野生药材是中药材质量控制的重要内容；由于环境的影响，不同产地的植物其显微结构也可能发生变化，这也是鉴别道地药材的依据之一。所以，研究不同产地、野生和栽培药用植物器官的内部构造对研究道地药材和控制药材质量具有一定价值。

孢粉分类学方法，是随着扫描和透射电镜技术的应用而发展起来的，是通过观察孢子或花粉的形状、表面纹饰、孔沟类型、孔沟位置等特征，为分类提供依据。通常孢粉的形态在属内种间的差别较小，在属以上的分类等级上差别愈来愈大。在目以上的分类单位中，孢粉形态特点的相似性和植物分类系统是非常一致的，如金缕梅科植物绝大多数为赤道三沟类型的花粉，但枫香属与蕈树属例外，为散孔类型，结合其他形态学性状，植物分类学家把这两属从金缕梅科中分出另立为阿丁枫科。

生态分类学方法，经典植物分类学对种的划分往往忽视生态条件对形态习性的影

响,当某些性状出现形态变化时,从形态上就难以划分,这可以通过改变生态条件进行栽培试验,还可观察一个种在它的分布区内,由于气候、土壤等条件的差异所引起的种群形态变化。验证有争议物种划分的客观性。例如,阔叶山麦冬与短山麦冬的区别在于其高出叶的花和宽大的叶。但在观察上述性状时发现这两个种的上述形态特征呈连续性变异而且是可塑的,与不同生长环境有关,所以将两种归并。生态分类方法在药用植物规范化栽培(GAP)中的优良品种选育时应用比较多,可以快速比较不同品种农艺性状、抗逆性等的差异。

细胞分类学方法,主要研究细胞内染色体的数目、核型、带型等方面,并通过这些资料来研究生物的变异规律,以探讨各种生物之间的关系和起源,因此,也称之为染色体分类学。如芍药属由于有花盘、子房肥厚、雄蕊离心发育等特征,从原归属的毛茛科中分出,独立成芍药科。该属染色体研究表明芍药属植物 $X=5$,而与毛茛科大多数属的基数($X=6 \sim 10,13$)不同,因此染色体研究支持了将芍药属独立成科的观点。

化学分类学方法,是利用化学特征来研究植物体的变异规律,揭示物种在分子水平上所反映出来的特有现象,从而探索各种植物之间的关系和起源。可从系统学角度全面研究小分子次生化合物(如生物碱)在植物类群中的分布。如芍药独立成科,除形态、染色体等差异之外,在主要化学成分上不含毛茛科普遍存在的毛茛苷和木兰花碱,从而也支持将芍药属独立成科。

数值分类学方法,是用数量的方法来评价有机体类群间的相似性,并根据这些相似性把这些类群归为更高阶层的分类群。它的特点是综合利用植物形态解剖学、细胞学、生物化学等提供的资料,按一定的数学模型,应用电子计算机运算得出结果,从而作出有机体的定量比较。其运算速度快、无偏差,并可验证,因此,可更客观地反映植物间的相似关系和进化规律。

分子系统分类学方法,是近年来发展最为迅速的植物学分支学科,是目前植物学研究的热点。它是利用生物大分子数据,借助统计学方法进行生物体间以及基因间进化关系系统研究的学科。研究的主要内容包括系统发育、系统的重建、居群遗传结构分析等方面。主要方法包括同工酶标记、DNA 分子标记、叶绿体基因组和物种全基因组分析。如地黄原来归属于玄参科地黄属多年生草本植物,2021 年,通过对地黄基因组的解析,系统发育分析证实了地黄为列当科物种,与透骨草科遗传关系最近。因此,在新版植物志中已将地黄修订为列当科植物。最近的 APG 植物分类系统就是在此基础上建立的。

不同植物分类方法的出现,体现了传承与创新精神,更是生命科学发展的重要体现,展现了人们认识植物、认识事物的不断发展过程。其中数值分类学方法体现了创新性,将传统的植物分类学方法与数学模型以及电子计算机等综合起来,是多学科交叉的一种创新。当前,随着科学技术的进步、先进仪器的出现,在传承不同植物分类学研究方法的基础上,需要进行多学科知识、多种方法、多种技术的融合与创新。

二、教学设计与实施过程

本案例主要采用课堂讲授法、启发式教学法和互动式教学法。

课堂采用这几种教学方法相结合,以学生为主体,教师为主导,营造一种良好、平等的教学环境。在课堂开始后先通过课堂讲授介绍植物分类学的目的及发展历史,引出植物分类方法,继而结合实例介绍常用的几种分类方法的研究侧重点,在此基础上引入案例,并设置一些实物植物的分类归属问题,开展课堂讨论,激发学生主动探索植物分类学的兴趣。引导学生学习各种分类学方法,了解各分类学的优缺点,拓展学生的思维,让学生认识到植物分类的方法和手段是一个不断创新和发展的过程,体现了社会发展、科学技术进步,进而培养学生敢于创新的精神,增加学生的课堂体验感。

三、教学效果

1. 教学目标达成度

(1)通过讲述药用植物分类中的不同研究方法,让学生体会到知识体系的不断完善、方法的不断创新,体现了传承与创新精神。

(2)通过介绍数值分类学方法,将传统的植物分类学方法与数学模型以及电子计算机等综合起来,体现了创新性,是多学科交叉的一种创新。

(3)通过介绍分子系统分类学方法,将当前的前沿科学技术应用于课堂,体现教研相辅,理论与实验相结合,符合习近平总书记提出的用科学的方法解析中医药问题。

2. 教师的反思　药用植物分类是学习药用植物的关键内容,是学生认识植物的基础。如何让学生更好地了解药用植物分类,可以采用案例式教学,以案促教,能更形象地说明问题,让学生更好地接受相关知识点。此外,融入思政要素,拓宽学生的思维,使学生建立正确的价值观,了解事物发展、认知的过程,也体现了科学技术的不断发展,知识的不断更新,鼓励学生要活到老、学到老。

3. 学生的反馈　通过本章节的内容,学生们很好地掌握了药用植物学的分类方法,也建立了自己的学习观,意识到不断学习、尤其是不断学习前沿知识的重要性,建立了多学科交叉以及相关知识的融会贯通,对以后自我学习和成长有很大的帮助和提高。

案例四　蓝藻门——生态保护

一、案例

藻类植物是一类含有光合色素的自养型原植体植物,属于最原始的植物类群。藻类植物大小不一、形态各异、结构多样。全球约有150属1500种藻类植物,分布广泛,从两极到赤道,从高山到海洋。主要生活在淡水中,海水中也有分布。根据藻类细胞内所含色素种类、贮存的营养物质、植物的形态结构、繁殖方式、鞭毛的有无及数目等进行分类。一般将藻类植物为蓝藻门、裸藻门、绿藻门、轮藻门、金藻门、甲藻门、红藻门、褐藻门8门。

蓝藻门的植物藻体为单细胞、多细胞群体或丝状体。细胞内无核膜和核仁,也无质体、线粒体等细胞器,其中蓝藻门分类地位特殊,属于原核生物和最原始的藻类。

葛仙米和发菜是蓝藻门的常见药用植物。这两种植物的藻体均为不分枝的单列丝状体,葛仙米产生于全国各地,生于湿地或地下水位较高的草地上,习称"地木耳"。

见过或吃过发菜吗？发菜隶属于蓝藻门念珠藻属,由于其藻体黑而长,如人的头发,所以称为"发菜"。

发菜,又名发状念珠藻,是蓝藻门念珠藻目的一种藻类,广泛分布于世界各地(如中国、俄罗斯、索马里、美国等)的沙漠和贫瘠土壤中,因其色黑而细长,如人的头发而得名,可以食用。广东人取"发"(fà)的谐音"发"(fā)而写成"发菜",意为发财,在农历新年的广东菜式中更为常见。

多数藻类生活在水中,但发菜生活在哪里？发菜在我国分布于内蒙古自治区、宁夏回族自治区和甘肃、青海、陕西等省的干旱和半干旱地区。发菜是一种自身能固氮的光合原核生物。它的丝状体中主要有两种细胞:一种是营养细胞,呈绿色,进行光合作用,吸收、释放、合成有机物质；另一种是异形细胞,体积较大,细胞壁较厚,颜色较淡,主要进行固氮作用,把空气中的氮气还原成氨,合成氨基酸。由于发菜能用无机碳和无机氮合成有机碳和有机氮,对改良荒漠土壤,繁衍其他生物有重要意义。因此,发菜被誉为"开发荒漠的先锋"。

发菜生长时贴生于荒漠植物的下面,因其形如乱发,颜色乌黑,也被人称之为"地毛"。发菜是一种极名贵的食物,素有"戈壁之珍"美誉。市场上见到的为其干制品。

发菜是高原特有的野生陆地藻类生物,每年夏末秋初为发菜的盛产期,3～4月份也有生产。每当夜降春雨,晨沐朝阳之时,潮腾腾的山坡上,一团团黑如青丝,状若乱麻的东西或缠绕在草根里,或紧贴在地面上,闪着乌油油的亮光。一般在早晨和雨后,用铁丝耙或竹耙扒菜。采集后轻轻拍打,抖土块,拣其杂质,晾干后梳理成绺,即为成品。可以说,阴雨天气是发菜生长的最佳气候,湿润是发菜丰产的条件。

由于其谐音"发财",故深受人们喜爱。发菜产地通常相当贫穷,有农民以采挖发菜卖钱谋生。经调查计算,产生1.5～2.5两发菜,需要搂10亩草场,1.5～2.5两发菜的收入为40～50元,即40～50元的发菜收入,破坏了10亩草场,导致草场10年没有效益。加上人群涌入草原后,吃住烧占等造成的经济损失,国家每年因搂发菜造成的环境经济损失近百亿元,而发菜收益仅几千万元。代价太大,得不偿失。

发菜主要分布在中国北方草原地带,采集发菜也成为中国沙尘暴的主要原因之一。采集活动对草场生态环境造成了较大破坏,加速了草场沙化和珍稀物种灭绝。因此,我国在1998年8月4日,将发菜列为"国家Ⅰ级重点保护野生植物",严禁采集、销售和出口,政府和环保部门鼓励牧民保护环境、劳动致富。借此引导学生树立崇尚自然、尊重自然的生命观念,牢固树立"绿水青山就是金山银山"的生态环保理念。同时引导学生探索,发菜能否人工种植呢？如果可以的话,是不是就可以不用破坏生态环境就可以得到美味的佳肴了呢？从而激发学生的科研探索精神。

二、教学设计与实施过程

本案例主要采用课堂讲授法、实物演示法、启发式教学法和互动式教学法。

课堂采用这几种教学方法相结合,以学生为主体,教师为主导,营造一种良好、平等的教学环境。在课堂开始后先通过课堂讲授介绍藻类植物的一般特征、分类概况,引入本节要讲的主要内容蓝藻门,接着在介绍蓝藻门代表药用植物——发菜的基础上,引入案例,并设置见过或吃过发菜吗,发菜生活在哪里等一些问题,开展课堂讨论,激发学生主动探索的兴趣,根据学生的发言,给予正向的反馈,引导学生正确对待发菜的采挖问题。通过学习和了解发菜的生长环境、对环境的生态作用及采挖现状,培养学生对生态环境和中药野生资源的保护意识,激发学生对发菜人工种植的科研探索精神,拓展学生的思维,增加学生的课堂体验感。

三、教学效果

1. 教学目标达成度

(1)通过讲述发菜采挖现状,不仅加深学生对发菜植物形态特征和生长环境的认识,还能增强学生对生态环境保护的意识,达到了较好的学习效果。

(2)通过介绍发菜的生态价值和食用价值,提升学生的科研探索精神。

2. 教师的反思　学生可能食用过发菜,但其可能不知道吃的是发菜。所以先用问题结合图片的形式向学生展示发菜是什么,然后再介绍发菜的植物体结构特征和其生长环境。然后再介绍由于发菜的食用价值高但生长慢,如果采挖不合理,将会严重破坏当地的生态环境。让学生明白为什么要禁止采挖发菜,要知其所以然。用这样的方式,进行生态文明、资源保护教育才能起到较好的效果。

3. 学生的反馈　原来吃过的不知名的菜就是藻类植物发菜啊,小小的植物体不但具有较高的食用价值,还具有极高的生态环境保护作用。那能不能人工种植发菜呢?

案例五　褐藻门——爱国情怀、科学精神

一、案例

藻类植物是一类无根、茎、叶分化,含多种光合色素,能自养,水生或气生的一类植物。一般将藻类植物分为8个门。其中,蓝藻门分类地位特殊,属于原核生物。绿藻门、红藻门、褐藻门具有较多大型的药用藻类,药用价值高。

褐藻门是比较进化较高的藻类植物。褐藻门的植物体常为多细胞分枝或不分枝的丝状体、叶状体,有假根、假茎和假叶分化的树状体。海带是褐藻门的代表药用植物。

海带藻体的基部为根状固着器,借以固着于岩石或他物上;中部是柄,柄顶端的细胞具有分生能力,能不断产生新的细胞形成带片,正因如此海带能长到几米甚至十几米长;柄上部为带片,即柄以上的扁平叶状体,分化为表皮、皮层和髓。表皮和皮层细胞具有色素体,能进行光合作用,髓部细胞有输导作用。海带的孢子体(植物体)一般长到第二年的夏末秋初,带片两面"表皮"上有些细胞形成棒状的单室孢子囊,间隔于长形营养细胞(隔丝)中形成深褐色、斑块状的孢子囊群。也就是我们常看到的海带上呈疙瘩状的突起即是它的孢子囊群。因此,我们食用海带主要是吃它的带片。

虽然现在海带是老百姓餐桌上常见的美味,味道鲜美、营养丰富。然而以前,海带曾

是稀罕物。因为由于气候原因,中国不产海带。中国每年要从国外进口大量干海带。而今,中国人工养殖的海带产量已满足国民需求。海带人工养殖的成功是"海带之父"曾呈奎院士多年研究的结果。

20世纪初,就读于厦门大学植物系的曾呈奎,看到人们经常采集海藻充饥。他就想人们能在陆地上种植稻米和小麦,为什么不能在海洋里种海带、紫菜?由此萌生了"海洋农业"的想法,从此,他开始在这片蔚蓝中实现他变沧海为桑田的"泽农"理想。

中国当时不产海带,海带资源主要靠从日本等邻国进口。曾呈奎想,是否能够人工培育海带?于是,曾呈奎开始了坚持不懈的试验。

为了摸清我国海藻资源的"家底",曾呈奎跑遍祖国万里海疆,从最南端的海南岛到北国大地辽宁,都留下了他不知疲倦的身影。他跋涉在沙滩上,攀援在礁石中,有时甚至潜入海底寻觅。夜幕降临,他点起蜡烛,整理标本,编写资料直到深夜。这一切努力,铺设了他引导人工养殖海带和紫菜的成功之路。

最终,曾呈奎发现,夏秋交接海面上会出现海带的大量孢子,这种孢子就是海带的无性繁殖器官。只要通过研究摸索出符合孢子生长的条件,就可以人工繁殖海带,而不需要去完全依靠采摘。在这之后,他瞄准一直缺乏人去研究的海藻和海洋科技,用自己余生59年的时间推动祖国海洋科技的大发展。

曾呈奎探索海藻人工养殖的脚步遍布祖国海域,他先后发明了人工海带夏苗低温培育、海带施肥增产、海带南移养殖等技术,使冷温带的海带在我国北方温带海域、南方暖温带和亚热带海域都能大规模人工养殖。他的一系列原创性研究,使我国海带养殖从零一跃成为世界第一。目前,我国的海带产量占世界的95%。曾呈奎也被誉为"中国海带之父"。

海洋是一座深不见底的金库,拥有不尽的宝藏,还有很多东西我们至今都不知道、不了解。当一般人还在"望洋兴叹"的时候,曾呈奎先生却替人们走出了许多步,正是因为曾呈奎教授这种无私奉献的科研精神、家国情怀,中国的海洋事业才能取得今天这样辉煌的成绩。这种不断探索、不断创新的科研精神和爱国情怀值得我们学习。我国科研工作者将论文写在祖国大地上,助力乡村振兴,体现了中国特色社会主义制度的优越性,有助于培养学生的"大国三农"情怀,激发学生科技强国的责任感。

随着海洋养殖业的发展,海洋污染也正面临着严峻的考验,保护海洋生态资源,发展海藻栽培技术的研究任重而道远,需要更多的科学家投入其中。

二、教学设计与实施过程

本案例主要采用课堂讲授法、实物举例法、启发式教学法和互动式教学法。

课堂采用这几种教学方法相结合,以学生为主体,教师为主导,营造一种良好、平等的教学环境。在课堂开始后先通过日常生活常见的藻类植物引入本节要讲的内容,接着用课堂讲授方法介绍藻类植物的一般特征和分类。在介绍褐藻门的代表药用植物海带的基础上,引入案例,并设置食用的海带是海带的那个部位,海带是如何长到几米长的,中国的海带是自然生长的还是人工养殖等一些问题,开展课堂讨论,激发学生主动探索的兴趣,引导学生了解曾世奎对海带人工养殖进行的一些科学研究,了解海带人工养殖成功后对我国人民生活、海洋农业带来的巨大贡献,进一步学习曾世奎院士勤勉不倦、敢于创新、探索的科研精神,拓展学生的思维,培养学生的家国情怀,增加学生的课堂体验感。

三、教学效果

1. 教学目标达成度

(1)通过讲述中国海带之父曾呈奎先生研究海带人工养殖的历程,及其对我国海洋养殖业的贡献,不仅让学生加深对海带植物体结构特征和繁殖特点的认识,同时也激发学生学习科学家们勇于攀登的科研探索精神和无私奉献的家国情怀。

(2)海洋养殖还有很多待开发的区域,海洋污染也正面临严峻考验,从而激发学生的科研探索精神、专业责任感与社会责任感。

2. 教师的反思　海带是一种经常食用的海洋藻类植物,但学生并不知道海带是如何生长的,又是如何进行人工栽培的。最好找一些人工栽培海带的视频或照片,结合曾呈奎院士相关的事迹报道,让学生真实感受到海带产业的发展对我国经济和人民生活的影响,对学生的触动会更深,思政教育效果会更好。

3. 学生的反馈　海藻种植、海洋农业、海洋科技还有许多待开发和研究的领域。

案例六　冬虫夏草——生态保护、诚实守信、探索精神

一、案例

菌类植物与人类的生活密切相关,如常食用的各种菇类、木耳,药用的灵芝、茯苓等都属于菌类。菌类植物是没有根茎叶分化,不含光合作用色素,异养的一类低等植物。菌类植物的生活方式多样,种类繁多,一般分为真菌门、细菌门、黏菌门。黏菌与医药关系不密切,细菌为无真正细胞核的原核生物,细菌种类多,繁殖快,分布广,营养类型多,适应性强,与人类生活关系十分密切。细菌根据形态又可分为球菌、杆菌、螺旋菌和放线菌。其中放线菌是细菌和真菌之间的过渡类型,某些放线菌是产生抗生素的菌类。真菌门与医药、食品有密切关系,重点介绍真菌门。

真菌门是一类有细胞壁和真核、不含叶绿素、无质体、能产生孢子的异养型生物。除典型的单细胞真菌外,绝大多数的真菌有纤细、管状的菌丝构成。菌丝又分为无隔菌丝和有隔菌丝。真菌主要营寄生、腐生和共生。某些真菌在环境条件不良或繁殖的时候,菌丝互相密结,形成根状菌索、子实体、子座和菌核菌丝组织体。真菌门又分为鞭毛菌亚门、接合菌亚门、担子菌亚门、子囊菌亚门、半知菌亚门,其中子囊菌和担子菌药用类群多。

子囊菌亚门真菌的主要特征是在有性生殖阶段产生子囊和子囊孢子,子囊一般生于子实体内,也就是子囊果内。

子囊菌亚门的代表药用植物为啤酒酵母菌和冬虫夏草。啤酒酵母菌为单细胞。冬

虫夏草是子囊菌亚门的麦角菌科的真菌寄生在蝙蝠蛾科昆虫幼虫上的子座和幼虫尸体的干燥复合体。那冬虫夏草到底是虫还是草呢？虫是鳞翅目蝙蝠蛾幼虫受寄生真菌感染而死亡的尸体，因幼虫冬天生活在冻土中，故称冬虫。草是寄生于幼虫头上的真菌子座，形似草。因真菌的子座（产生子实体的褥座）在夏天出土，故称夏草。

夏、秋季子囊孢子侵入寄主幼虫体内，发育成菌丝体。染病幼虫钻入土中越冬，菌丝在虫体内生长并充满虫体后形成僵虫状菌核。翌年夏初，从虫体头部长出有柄的棒状子座，伸出土层，子座上部膨大，表层下埋有一层子囊壳，壳内生有许多长形的子囊，子囊各产生8个线性多细胞的子囊孢子，通常只有2个成熟。子囊孢子散发后，断裂成许多段重新侵染其他寄主幼虫。虫和菌的完美结合，在体现出生物结构精美的同时，也充分体现了自然界造物之神奇，使人由衷地产生对大自然的敬畏之心，也会自觉地转化为探究自然奥秘的内在动力。

我国的冬虫夏草主要分布于西藏、青海、四川、云南、甘肃等省区海拔 3600~5200 m 的局部高山草甸地带，对生境有严格的要求。从这一点也说明，一个人的生长环境很重要，择良邻，交益友，才能更好发展自己。虫草是青海的一大自然资源，采挖虫草也已成为群众增收的重要渠道。但由于当地政府和群众受经济利益驱动，重采挖、轻管理，对采挖区生态环境和资源的保护工作重视不够，致使一些虫草资源地采挖人员过量，造成乱采滥挖，破坏草原生态。过度的采挖使高原地区的生态遭到严重破坏，加剧了野生虫草资源萎缩的危险，如果不加以管理，将持续恶化下去，借此教育学生树立生态环保意识。

近年来，随着经济快速发展和"滋补热"，虫草的药效被神化了，市场需求量巨大，导致野生虫草资源锐减，加上市场炒作，使虫草价格不断上涨。目前，青海等原产地的售价与30年前相比已经上涨千倍以上。在原产地之一的青海，目前500克中等虫草（1500根）均价在60000元左右，被称为"黄金草"。冬虫夏草真的能包治百病吗？《本草纲目》中并没有记录它，药典最早记载冬虫夏草是在清朝乾隆年间的《本草从新》，距今不过200多年历史。

因冬虫夏草野生资源匮乏，虫草市场始终呈现供不应求、以假乱真、以次充好的乱象，欺骗老百姓花了很多冤枉钱。借此培养学生的诚信问题，因为人无信不立，国无信不强。诚信是一个人或国家的根本品质。

一面是庞大的消费市场，一面是珍贵资源的锐减；一面是经济效益带来的疯狂采挖，一面是生态保护面临的严峻形势。青藏高原上这种名为冬虫夏草的珍稀物种，始终是经济效益和生态环境保护之间的热点话题。那如何解决这样的矛盾呢？

首先，在虫草采挖和生态环境保护上，当地政府部门除坚持科学规划，加大草原"采育结合，永续利用"的生态保护理念。只有使当地群众了解资源可持续发展与其自身利益以及生存环境的紧密联系，才能有效管理采挖。

其次，还应加快虫草的人工繁育技术的研究，这样才能解决虫草采挖与生态环境保护之间的矛盾。冬虫夏草是一低温生长菌，虽然与大多数工业用菌不同，但其菌种分离、培养和发酵技术渐趋成熟，目前可以采用大规模工业生产的方式来培养菌体。如果可在适于虫草生长的地区，人工辅助冬虫夏草及其寄主昆虫的生长，开展半人工培植，便可满足市场的部分需求，缓解对天然冬虫夏草采挖的压力。但是由于冬虫夏草原产地的特殊生态条件,虽然国内外人工栽培冬虫夏草的研究工作在广泛而深入地进行,但是在完全人工控制的条件下,将虫草菌感染寄主幼虫,使之产生与天然虫草相同子实体的研究工作,尚未取得突破性进展。准确地说,人工栽培冬虫夏草在很长在一段时期内将无法实现,从而激发学生的科研探索精神和创新意识。

最后,国家正在建立冬虫夏草种质资源库。目前购置冬虫夏草的消费者仅能通过色泽、大小和气味等感官标准来鉴别虫草的优劣。通过建立冬虫夏草种质资源库,为建立冬虫夏草识别标准体系提供技术储备,消费者可以通过所购原草,查询到虫草序列,继而得知所购虫草真假及其产地。还可通过用菌丝体发酵产品做部分替代来研发药物,从而充分利用冬虫夏草资源。

二、教学设计与实施过程

本案例主要采用课堂讲授、实物或图片情境教学、启发式教学法和互动式教学法。

课堂采用这几种教学方法相结合,以学生为主体,教师为主导,营造一种良好、平等的教学环境。在课堂开始后先通过日常生活常见的菌类植物如木耳、香菇、灵芝等引入本节内容,接着介绍菌类植物的一般形态特征和分类概况,重点介绍真菌门的形态特征和代表药用植物。在介绍子囊菌亚门的代表药用植物冬虫夏草基础上,引入此案例,并设置如有人见过冬虫夏草吗,冬虫夏草的生长环境如何,冬虫夏草如何采挖等一些问题,展开课堂讨论,激发学生主动探索的兴趣,引导学生树立生态保护意识。通过了解由于人们对虫草功效的热捧和神化,导致冬虫夏草伪品频出的现象,培养学生诚实守信的职业道德。再通过介绍人工虫草的研究进展,拓展学生的思维,激发学生科研探索精神和责任感,增加学生的课堂体验感。

三、教学效果

1. 教学目标达成度

(1)通过介绍冬虫夏草的生活史特点,加深学生对子囊菌生长特性的认识。

(2)通过介绍冬虫夏草过度采挖带来的生态保护问题,激发学生对冬虫夏草人工繁育研究的热情。

2. 教师的反思　冬虫夏草在日常生活中不常见,学生对其很陌生。最好找一些能展示冬虫夏草生活史的图片或科普视频,学生能直观地感受其生活史的复杂性和生态环境的特殊性,对后续进行生态保护和人工培育研究才能有更深的体会。

3. 学生的反馈　终于知道传说中的冬虫夏草是如何形成的了,虽然很神奇,但是也是一种自然现象。

案例七　地衣——团结协作

一、案例

地衣是由一种藻类和一种真菌建立紧密共生关系而形成的藻菌互惠互利的共生复

合体,是植物界中一个特殊的类群。互惠共生就是一种真菌和一种或多种藻类或蓝细菌紧密结合,共同生长在一起互惠互利,各自通过对方获取自身所需能量和物质,完成各自生活史。地衣中的共生真菌绝大多数为子囊菌亚门,少数为担子菌亚门和半知菌亚门;共生藻类均属于蓝藻门和绿藻门。菌类在地衣中是主体,控制藻类而占主体地位,地衣的形态几乎完全由共生真菌决定,菌丝交织并包围藻细胞,藻类分布于地衣体内部。

在这一共生体中,菌类吸收水分和无机盐供给藻类,藻类则以光合作用的产物供给菌类有机营养物质,二者相互依存,形成一种特殊的共生互惠关系。当环境干旱时,菌类还能保护藻类不至于干死。一种"合作共赢"的生存方式,是长期自然选择的结果。

在这种共生关系中,二者存在着相互依赖的关系。真菌的依赖性大,它从藻类吸取有机养料来生活,如果把地衣体的真菌和藻类分开来各自单独培养,结果往往是真菌死亡而藻类依然能够生长。地衣的这一共生复合体,藻类和真菌之间互通有无,共同生活,相依为命构成了生命共同体。二者之间的互帮互助、合作同赢的精神使各自得以良好发展。

那么地衣植物是如何形成的呢?大约6亿年前,地球的生存环境十分恶劣,某些真菌和藻类为了"活下去",它们在某个"角落"偶遇,签署了应对当时逆境的"共生协议":真菌不断延长生长的菌丝,像伸出的细长臂膀,把球形藻类包裹和缠绕,给了藻类一个温暖而安稳的避难所,庇护着藻类免受风吹日晒;共生的藻类则通过光合作用安心生产"食物",除了自给自足外,藻类知恩图报,将共生真菌生活必需"食物"(单糖类)源源不断地送到,形成了特殊而又稳定的共生体。它们和平共处,在当初极度贫瘠的地球上存活了下来。

根据外部形态,地衣可以分成三种类型:壳状地衣、叶状地衣和枝状地衣。地衣的体内除了纵横交错、有密有稀的无色的真菌菌丝以外,中间是藻层,由藻类细胞组成。还有从下层伸出成束的假根,它没有真正的根、茎、叶等器官。

地衣体中这种真菌与藻类的结合使复合体对环境有着惊人的适应性,其生长所需的生活物质,主要来自雨露和尘埃,能适应极度干旱和贫瘠的环境。它们当中,有的挂在树上,呈簇毛状;有的固着在裸露的岩石上,形状多种,如色彩鲜艳的"石花"。在寒冷的南极,地衣竟成为植物中的优势种类,多达四百余种,有黑色、灰色、黄色、白色和红色,真可谓五彩缤纷,为南极增添了奇异的景色。

由于地衣的同化作用极其微弱,而呼吸作用极其旺盛。所以,地衣植物生长很慢,植株矮小。但它们的寿命却十分长,一般都能活上几十年,有的可活上几百年甚至几千年。更可贵的是,地衣能分泌一种独特的次生代谢产物"地衣酸",用于加速岩石分解、风化,形成了原始土壤,开疆辟土,为其它动植物安家落户提供了条件。因此,在土壤形成过程中,它是个先锋者、开拓者,成了高等植物的开路先锋。借此培养学生爱护环境、热爱自热的情怀。

同时,地衣对新鲜空气要求十分严格,在空气受到污染的城市里,几乎找不到它的踪迹。于是,地衣学家以地衣种类和分布范围作为"环境指示生物"来监测空气质量。地衣在维护地球生态平衡方面发挥重要功能,也为人类发展奉献着自己。如:近北极的石蕊等地衣种类是驯鹿过冬的食物之一;地衣作为中药成分直接入药;地衣次生代谢产物丰富而独特,具有潜在的药用价值和开发潜力等。

随着科技的进步,小到个人、大到国家,都处在命运共同体中。一个人在生活、工作和学习中,也需要团结协作,特别是在科技高速发展的今天,一个人很难独立进行生活,要学习地衣植物合作共赢的生存之道。

二、教学设计与实施过程

本案例主要采用课堂讲授法、启发式教学法和互动式教学法。

课堂采用这几种教学方法相结合,以学生为主体,教师为主导,营造一种良好、平等的教学环境。在课堂开始后先通过一些小问题如有人见过地衣吗,地衣长什么样等一些问题引入本节所讲内容,接着介绍地衣植物的一般形态特征和类型,引入案例,并设置地衣植物是如何形成等相关问题,开展课堂讨论,激发学生主动探索的兴趣,让学生掌握地衣植物的组成及结构特征,了解真菌和藻类互惠共生的生活方式,培养学生团结协作、合作共赢的团队精神。继而介绍地衣植物的先锋作用、环境污染的指示作用,拓展学生的思维,培养学生勇于挑战的精神,增加学生的课堂体验感。

三、教学效果

1. 教学目标达成度

(1)通过讲述地衣植物的结构组成,增强学生团结协作、合作共赢的精神。

(2)通过讲述地衣在对环境监测、土壤开拓等方面的作用,加深学生对地衣形态结构和生态功能的认识。

2. 教师的反思　学生对地衣植物不熟悉,日常生活中不常见到。所以首先应多展示一些不同生境生长的地衣,结合地衣的电镜显微结构图,让学生对地衣中藻类和菌类的组成、排列有一个直观形象的认识。这样才能更深刻地体会菌类和藻类植物之间合作共赢的生存之道。

3. 学生的反馈　为什么小小的地衣可以成为开拓土壤的先锋者?是因其有独特的分泌物,才能在贫瘠的、竞争小的岩石上生长。

案例八　苔藓——奋斗、自信的人生价值观

一、案例

苔藓植物是一类绿色自养性陆生植物,是高等植物中最原始的类群,是高等植物中唯一没有维管束的一类。苔藓植物的一般特征:植株矮小、结构简单,只有茎叶的分化,无真正的根,只有假根,体内无维管组织的分化,所以只能生活在阴暗潮湿的地方,被称为植物王国的"小矮人"。

唐代诗人刘禹锡《陋室铭》中"苔痕上阶绿,草色入帘青"中的苔就是指苔藓。此时不仅可以引导学生领略古诗词之美,还能让学生感受中华文化的博大精深,教育学生要

传承和弘扬优秀传统文化。

常见的苔藓植物体有两种类型,一种是苔类,植物体基本没有茎、叶分化,呈片状构造的叶状体;另一类是藓类,植物体已出现假根和类似茎、叶的分化。苔生南方,藓生北方。苔藓植物的有性生殖器官均由多细胞构成,雌性生殖器官为颈卵器,雄性生殖器官为精子器,因此苔藓植物又称为颈卵器植物。精子器产生具有鞭毛能游动的精子与颈卵器内的卵细胞结合为合子,再发育成胚,由胚形成新的植物体——孢子体。因此,植物界从苔藓植物开始才有胚的构造,又称为有胚植物。孢子体产生孢子,孢子萌发后形成新的配子体。

在苔藓植物生活史中,具有明显的异型世代交替现象,配子体在世代交替中占优势,能独立生活;孢子体不能独立生活,须寄生在配子体上,这是苔藓植物不同于其他陆生高等植物的显著特征之一。

苔藓植物体的配子体在一定生长时期会分别发育为雄枝和雌枝。雄枝产生雄配子体,将来会形成雄配子也就是精子。雌枝发育为雌配子体,将来发育出卵细胞。精子释放出来后借助水的作用与卵细胞结合形成受精卵,发育为合子,再发育成胚,由胚继续发育即可发育为孢子体。孢子体产生单倍体的孢子,孢子萌发后又发育为配子体,完成一个世代循环。

清代诗人袁枚的诗

《苔》

白日不到处,青春恰自来。

苔花如米小,也学牡丹开。

见过苔藓植物开花吗?这首诗中的苔花又指什么呢?

这首诗的意思是:苔藓虽然生长在阳光照射不到的地方,植株又那么矮小,到了春天,它一样拥有绿色、拥有生命。这一句充分体现了苔藓植物的形态结构特征、生活环境及生命力的顽强。虽然苔藓个体小,但为了繁殖后代,它仍然执着以自己的方式开花结实,也就是形成它的孢子体(苔花),通过孢子体把孢子散播出去,由孢子再萌发成新的植物体(配子体)。虽然它没有像牡丹一样鲜艳的花瓣,却认真地把自己最美的瞬间毫无保留地绽放,就像牡丹一样,自豪地开放。苔花的开放虽然不引人注目,更无人喝彩,但充分体现了一个生命在其成长过程中的奋斗精神。

通过苔藓的生长周期特点,告诉我们每一个生命个体和群体,只有不断地奋斗,才能生存。人又何尝不需要奋斗呢!只有不断地奋斗才能获得我们想要的生活,活着才更有意义。

二、教学设计与实施过程

本案例主要采用课堂讲授法、启发式教学法和互动式教学法。

课堂采用这几种教学方法相结合,以学生为主体,教师为主导,营造一种良好、平等的教学环境。在课堂开始后先通过一句古文"苔痕上阶绿,草色入帘青"引入本节课所要讲的内容,接着用课堂讲授、实物举例等方法介绍苔藓植物的一般形态结构特征,在讲苔藓植物生活史时,引入袁枚的诗《苔》,并设置见过苔藓植物开花吗,这首诗中的苔花指什么等一些问题,开展课堂讨论,激发学生主动探索的兴趣,拓展学生的思维,根据学生的发言,给予正向的反馈,引导学生学习苔藓植物对环境变化的适应性能力和躲避本领,增强学生面对困难的拼搏精神和自信心,增加学生的课堂体验感。

三、教学效果

1. 教学目标达成度

(1)通过引入《苔》这首诗,不仅提高学生的学习兴趣,活跃课堂氛围,也让学生对苔藓的生活环境和生活史特点有了更加深刻的认识,大大提高了学习效果。

(2)通过介绍苔藓的生活史特点,结合《苔》这首诗的描述,让学生体会生命的不易,只有不断地奋斗才能生存,才能体现生命的价值。

2. 教师的反思 苔花到底指苔藓植株的孢子体还是配子体,如果不给学生讲清楚,学生会有疑惑。

3. 学生的反馈 这首诗很熟悉,但不太理解诗的含义。通过老师的讲述加深了对这首诗的理解,也加深了对苔藓植物生活史特征的认识。

案例九 蕨类植物分类系统——探索精神、家国情怀

一、案例

蕨类植物也称羊齿植物,是地球上古老的植物类群之一。蕨类植物世代交替明显,孢子体发达,配子体矮小,但孢子体和配子体都能独立生活。孢子体远较配子体发达,常为多年生草本,具根、茎、叶和维管组织的分化。配子体上具有颈卵器和精子器。蕨类植物具有真正的根、茎、叶和维管组织的分化,比苔藓植物进化,但是不能产生种子,靠孢子进行繁殖。蕨类植物是介于苔藓植物和种子植物之间的类群,既是高等的孢子植物,又是原始的维管植物,现存的大多为草本植物。

蕨类植物是一个自然分类群,现存12000多种,全球广布,以热带、亚热带为分布中心。我国有2600多种,以西南地区和长江流域以南地区种类最丰富,云南有1000多种;水生或陆生,多生于林下、山野、溪旁、沼泽等阴湿环境;常为森林草本层的重要组成部分。

我国药用蕨类植物39科,400多种,如常见的有贯众、金毛狗脊、海金沙、石杉、石松、卷柏、石韦等。《中华人民共和国药典》收载的9种中药材涉及12种基源植物。此外,蕨菜、紫萁等蕨类植物的幼叶,可作蔬菜食用;许多蕨类植物也是园艺植物的重要来源。

目前,蕨类植物的分类存在多个分类系统,蕨类植物新系统(PPG I,2016 年)将蕨类分成 2 纲、14 目、51 科和 337 属。我们所使用的教材中的蕨类植物分类采用的是秦仁昌系统。秦仁昌先生是我国现代著名植物学家,中国蕨类植物分类学的奠基人,中国植物学的一位拓荒者,著名的蕨类学家、植物分类学家、中国科学院院士。

最初,秦仁昌在教学过程中,发现对中国蕨类植物进行研究的都是外国的学者,涉及中国蕨类植物研究的文章有200多篇,全是用英、法、日、俄等国文字或拉丁文发表,模式标本也全都分散在国外,而我国的学校连腊叶标本都没有,便立志研究蕨类植物。为了掌握、研究各国的文献材料,秦仁昌努力学习外语,他经过努力学习,熟练地掌握了英语、拉丁语和法语,能阅读德文和俄文。秦仁昌通过广泛查阅文献资料,同外国专家、学者和书商通信,或通过交换、购买等方式,一点一滴地搜集和积累了大量的文献资料,同时采集标本。在此期间,为更好地开展蕨类植物研究,秦仁昌曾到欧洲多国进修考察。

1932年,秦仁昌回国后,于1934年创建了我国第一个植物园——庐山森林植物园。1938年,由于抗日战争的影响,九江一带被日寇进逼,形势危急,秦仁昌教授把一些有关蕨类植物研究方面的图书和标本寄存在庐山美国小学里,辗转流亡到昆明。他充分利用云南这个"植物王国"的有利条件,不畏艰难困苦,广泛调查和采集植物标本,展开对蕨类植物的研究,走遍了整个云南,他建立了庐山植物园丽江工作站,在昆明逐渐形成了一个新的蕨类植物研究中心。

1940年,在昆明期间,秦仁昌发表了《水龙骨科的自然分类系统》一文,他从蕨类植物的演变规律出发,根据系统发育理论,清晰地显示出蕨类植物的演化关系,大胆提出自己的见解,将蕨类植物划分为30多科、200多属。这动摇了长期统治蕨类植物分类的经典系统,在当时引起了广泛的兴趣和争论,对国际蕨类学界产生极其深远的影响。这解决了当时世界蕨类植物系统分类中最大的难题,其科属概念大都被世界蕨类植物学家所采用,这是世界蕨类植物系统分类发展史上的一个重大突破。因此,秦仁昌先生获当年荷印隆福氏生物学奖,一个崭新的蕨类植物分类系统诞生了,后来被国际上统称为"秦仁昌系统",填补了我国对蕨类植物系统分类方面的空白。

1954年,秦仁昌发表了《中国蕨类科属名词及分类系统》。此后,秦仁昌先生对中国蕨类植物的研究开始了新的部署,以蕨类植物形态分类为基础,深入调查我国的蕨类植物资源,并开展解剖学、孢粉学、细胞学及引种栽培等方面的综合研究,从而提高科学研究水平。秦仁昌主导编写并于1959年编辑出版的《中国植物志》(第二卷),是《中国植物志》这部巨著的第一本,为其他卷册的编写起了典范作用,对发展中国和世界的植物系统学作出了重要贡献。

秦仁昌院士从事我国植物学研究60多年,对数千种蕨类植物,一一进行多方面的考察和深入细致的分析、研究。正是他的这种不怕困难、坚持不懈的科学探索精神,为我国及世界蕨类植物的研究做出了卓越贡献,为祖国争得荣誉。

二、教学设计与实施过程

本案例主要采用课堂讲授法、播放视频法、启发式教学法和互动式教学法。

课堂采用这几种教学方法相结合,以学生为主体,教师为主导,营造一种良好的、平等的教学环境。在课堂开始后先通过播放日常常见蕨类植物的图片引入本节课所讲内容,接着用课堂讲授法介绍蕨类植物的一般特征和分类概况,在介绍蕨类植物的分类时引入案例,并设置蕨类植物的分类系统有哪些,什么是"秦仁昌系统"等一些问题,展开课堂讨论,激发学生主动探索的兴趣,根据学生的发言,给予正向的反馈,引导学生学习秦仁昌先生刻苦钻研的科研探索精神,了解"秦仁昌系统"对全球蕨类植物分类带来的巨大贡献,进一步学习秦仁昌不畏艰难、精勤不倦、敢于创新的科学精神,拓展学生的思维,培养学生的家国情怀,增加学生的课堂体验感。

三、教学效果

1. 教学目标达成度

(1)通过讲述秦仁昌院士历经千辛万苦,立志创建蕨类分类系统的科研过程,很好地激发了学生的科研探索精神和家国情怀。

(2)通过讲述秦仁昌院士克服重重困难创建了蕨类分类系统,培养学生为国争光的家国情怀,为科学献身的奋斗精神。

2. 教师的反思 关于秦仁昌的个人履历及创建蕨类分类系统的研究过程可以让学生提前查找相关资料,进行自主学习,课堂上进行总结、升华即可。

3. 学生的反馈 蕨类植物是植物界的组成部分,我们应该传承和发扬秦仁昌先生的科研精神,为科学、为国家做出自己的贡献。

案例十 卷柏——坚韧不拔

一、案例

1987年,我国蕨类植物学家秦仁昌教授将蕨类植物门分为5个亚门,即松叶蕨亚门(Psilophytina)、石松亚门(Lycophytina)、水韭亚门(Isoephytina)、楔叶亚门(Sphenophytina)和真蕨亚门(Filicophytina);前4个亚门称小型叶蕨类,真蕨亚门是现存最繁盛的蕨类。

石松亚门植物,孢子体发达,气生茎二叉分枝,原生中柱或管状中柱。小型叶,具1条中肋,螺旋状排列或对生。厚孢子囊,单生于孢子叶基部腹面或叶腋,常聚生成孢子叶穗。孢子同型或异型。配子体形状不一,与真菌共生或绿色自养;精子鞭毛2条。现存石松目和卷柏目,共4科,6~9属,1100余种;我国有4科,近140种,药用50余种。

药用植物卷柏属于石松亚门、卷柏科、卷柏属土生或石生复苏植物。卷柏,又名还魂草,为常绿直立草本,莲座状,干燥时枝叶向顶上卷缩,雨水充足时又舒展开。主茎短,下生多数须根,上部分枝多而丛生。叶鳞片状,有中叶(腹叶)与侧叶(背叶)之分,覆瓦状排成4列。孢子叶穗着生枝顶,四棱形,孢子叶卵状三角形,4列交互排列。孢子囊圆肾形,二型,孢子异型。产于全国各地,生于向阳山坡或岩石上。全草(卷柏)生用能活血通经;炒炭能化瘀止血。

卷柏主要靠孢子繁殖。卷柏根能自行从土壤分离,蜷缩似拳状,随风移动,遇水而荣,根再重新钻到土壤里寻找水分,即可形成新的植株。

卷柏为什么又叫九死还魂草呢?是因为它可以"死"而复生,这正是它的奇特之处。卷柏的生长环境很特殊,一般生长在干燥的岩石缝隙中或荒石坡上。在水分供应充足时,卷柏吸水后枝叶舒展,翠绿可人。一旦失去水分供应,就将枝叶失绿蜷曲抱团,像枯死了一样。但卷柏凭借着有水则生、无水则"死"的生存绝技,不但旱不死,反而代代相传繁衍生息。正因为卷柏的耐旱力极强,在长期干旱后只要根系在水中浸泡一段时间后就又可舒展,所以又被叫做"九死还魂草"。

卷柏的这种"无水则眠,遇水则苏"的生长特性正是其对生长环境的一种抗性适应。这种勇于与逆境做斗争、坚忍不拔的品质值得我们学习。人在学习和工作中,也会遇到各种困境或困难,要像卷柏一样在逆境中砥砺前行。

二、教学设计与实施过程

本案例主要采用课堂讲授法、实物举例法、启发式教学法和互动式教学法。

课堂采用这几种教学方法相结合,以学生为主体,教师为主导,营造一种良好、平等的教学环境。在课堂开始后先通过课堂讲授法介绍蕨类植物的分类概况和各亚门的形态特征,在介绍石松亚门的代表药用植物时,引入案例,并设置卷柏为什么被称为"九死还魂草"等一些问题,展开课堂讨论,激发学生主动探索的兴趣,根据学生的发言,给予正向的反馈,引导学生学习卷柏植物的形态特征,了解卷柏"无水则眠,遇水则苏"的生长特性,进一步学习卷柏植物勇于与逆境作斗争、坚韧不拔的拼搏精神,拓展学生的思维,培养学生的情怀,增加学生的课堂体验感。

三、教学效果

1. *教学目标达成度* 通过讲述卷柏的别名"九死还魂草",不仅让学生深刻认识到卷柏的生长习性,还能激发学生学习卷柏面对逆境时坚忍不拔的拼搏精神。

2. *教师的反思* 因为多数学生没有见过卷柏,教师介绍卷柏"无水而眠,遇水则苏"的生长特性时应有动态的展示过程,让学生对卷柏植株的形态特征和生长习性有一个直观形象的认识,教学效果会更好。

3. *学生的反馈* 虽没有见过卷柏,但能感觉其生命力的顽强。

案例十一 松科——拼搏精神

一、案例

裸子植物在有性生殖过程中,既具有颈卵器,又产生胚珠而不同于蕨类植物;心皮不合生成子房,胚珠裸露,在受精前形成胚乳(即雌性原叶体)而不同于被子植物。因此,裸子植物是一群介于蕨类植物与被子植物之间的高等植物,既是颈卵器植物,又是种子植物。原始裸子植物出现于距今约3.5亿年前的古生代泥盆纪。自古生代二叠纪到中生代白垩纪早期的约1亿年间是裸子植物最繁盛的时期。在地球地质气候多次重大变化过程中,裸子植物不断演替更新,现存的裸子植物不少是第三纪孑遗植物,也称"活化石植物",如银杏、水杉、银杉、水松、红豆杉、台湾杉等。

裸子植物是一个自然类群,现存12科,71属,800余种;我国有11科,41属,236种;我国引种栽培有1科,7属,51种。关于裸子植物的分类意见分歧很大,也有把裸子植物作为一个亚门甚至作为一个纲分别置于种子植物门或羽叶植物门。本教材采用5纲分类,即苏铁纲(Cycadopsida)、银杏纲(Ginkgopsida)、松柏纲(Coniferopsida)、红豆杉纲(Taxopsida)及买麻藤纲(Gnetopsida)。

苏铁纲为常绿木本,叶为大型羽状深裂,聚生于茎顶,茎不分枝,我国仅有苏铁属。银杏纲为落叶乔木,叶扇形,种子核果状,仅1目、1科、1属、1种,为中国特产树种。

松柏纲为乔木,稀灌木,常绿或落叶,具树脂道。叶单生或成束,针形、鳞形、线形、刺形或为条状,螺旋着生、交互对生或轮生,表皮细胞壁厚,气孔深陷。单性同株或异株;孢子叶常常集成球果状;花粉常具气囊,精子无鞭毛;大孢子叶两侧对称,种子有翅或无。松柏纲在现代裸子植物中种类最多,全球4科,44属,400余种,以北半球温带、寒温带的高山地带最普遍。我国是松柏纲的起源地,多样性最丰富,富有特有属、种和第三纪孑遗植物;有3科,23属,150余种;《中华人民共和国药典》收载5种裸子植物中药材。

松科植物多为常绿,叶为针形或条形,在长枝上簇生。花单性同株;雄球花穗状,小孢子叶多数;雌球花由多数螺旋状排列的珠鳞与苞鳞(苞片)组成,珠鳞与苞鳞分离,每珠鳞腹面有2枚倒生胚珠。珠鳞花后增大成种鳞,球果直立或下垂,当年或次年或第三年成熟,种鳞木质或革质。

到了冬天,万物凋零。但即使在这样寒冷的时节,松树叶子的颜色也不退去,依然保持着浓郁的绿色。人们因此赞扬松树的生命力,并把它作为一种长生不老的象征。这种常绿树让人们感受到了一种庄严的生命力。为什么松树能在寒冷的天气保持生命力呢?它有什么样的抗寒本领呢?

松树是一种古老的植物,而正是这种古老的植物进化出耐寒本领。相对于更为进化的被子植物来说,裸子植物的输水组织——管胞相较被子植物的输水系统——导管来说是低效的、过时的。进化后的被子植物的茎内有像水管一样的导管,这根导管是专门用来通水的一种中空的组织,输水效率很高。而作为较为原始的裸子植物,却没有这么高效的输水系统,代替导管的是一个个长管状的细胞——管胞,通过管胞壁上的纹孔,以一个细胞接着一个细胞把水分传递上来,输水效率低。但正是这种效率低下的系统,才让针叶树这种"过时"的古老树种,幸运地在寒冷地带存活下来。因为导管中的水分相连从而形成了一条水柱,一旦在寒冷的冬天,导管中的水分结成了冰,使原本相连的水柱就会断开,就没有办法再输水。与之相对的,裸子植物管胞中的水分是由一个细胞到另一个细胞。因此就算是一个管胞中的水被冻住了,还有其他的管胞来补充,也可以把水分传递上去。虽然,在恐龙时代,曾经称霸地球的裸子植物被新进化而成的被子植物夺走了家园。但是,由于具有耐寒这一优势,裸子植物中针叶树在极寒的地区广泛地幸存了下来。

就算松树被白雪覆盖着,它也依然保持着一片苍翠。古老的东西并非一无是处。正是由于这种古老的输水系统,才使得松树成为生命力的象征。正如,陈毅元帅写的《青松》那样,展现出那个特殊时代人们不畏艰难、雄起勃发、愈挫弥坚的精神。

《青松》

大雪压青松,青松挺且直。
要知松高洁,待到雪化时。

不管是生活还是工作中,人也要像冷峻峭拔的青松一样,面对困难时具有坚忍不拔、宁折不弯的精神,具有与环境作斗争的勇气。

二、教学设计与实施过程

本案例主要采用课堂讲授法、实物举例法、启发式教学法和互动式教学法。

课堂采用这几种教学方法相结合,以学生为主体,教师为主导,营造一种良好、平等的教学环境。在课堂开始后先通过课堂讲授介绍裸子植物的一般特征和分类概况,在介绍松柏纲、松科的植物特征和代表药用植物时,引入案例,并设置动画片《熊出没》里面常出现的植物是什么,常见的松科植物有哪些等一些问题,展开课堂讨论,激发学生主动探索的兴趣,根据学生的发言,给予正向的反馈,引导学生学习裸子植物的一般特征和各科代表药用植物,了解松树的抗寒机制和顽强的生命力,进一步学习松树与环境作斗争的勇气,培养学生坚忍不拔、宁折不弯的刚直与豪迈品质,拓展学生的思维,培养学生的情怀,增加学生的课堂体验感。

三、教学效果

1. 教学目标达成度

(1)通过介绍松科植物的耐寒机制,加深学生对裸子植物形态特征与内部结构组成的认识。

(2)通过介绍松的坚韧挺拔,培养学生坚忍不拔、宁折不弯的品格,具有与困难作斗争的勇气。

2. 教师的反思　松在日常生活中很常见,在东北高寒地带是极为繁茂的一类植物,通过引入与松有关的诗句,体现其耐寒的特性,能很好地激发学生学习兴趣和探索松抗寒机制的科研兴趣。

3. 学生的反馈　通过本节内容的学习,理解青松这首诗的内在含义,了解了松的耐寒机制。

案例十二　木兰科——文化传承、中医药思维

一、案例

木兰科植物属于木兰目。该科植物为木本,具油细胞,有香气。单叶互生,托叶有或缺,托叶包被幼芽,早落,在节处留一环状托叶痕。花单生,两性,稀单性,辐射对称;花被片常多数,有时分化为萼片和花瓣,每轮 3 枚;雄蕊多数,离生,螺旋状排列在花托下半

部;心皮多数,离生,螺旋状排列在花托上半部,每心皮含胚珠1~2枚。聚合蓇葖果或聚合浆果。

木兰科植物全球有18属335种,主要分布于亚洲东南部和南部。我国有14属165种,主要分布于东南部和西南部;已知药用9属91种,9亚种或变种;《中华人民共和国药典》收载8种木兰科中药材。

木兰科又分为五味子属、木兰属等不同属。五味子属植物为木质藤本,果实为聚合浆果。五味子属植物五味子的果实入药为中药五味子(北五味子),而药材南五味子为五味子属植物华中五味子的果实。

五味子的果实为什么叫五味子呢？为了更好地突出中医药思维,课堂上展示新鲜的五味子和干燥的药材五味子,并让学生品尝,体会五味子药材的特点:带有说不出的味道,有些酸,有些甜,又带些苦和辛味,干燥的药材则呈现出咸的味道。明代李时珍认为:"五味子酸咸入肝而补肾,辛、苦入心而补肺,甘入中宫益脾胃。"按照中医理论,中药有性味归经之说,分为酸、苦、甘、辛、咸五味,大多数中药只有一两种味。而五味子比较特殊,集五味于一身。唐代《新修本草》记载:"(五味子)果实五味,皮肉甘、酸,核中辛、苦,都有咸味,此则五味俱也。"五味子因此而得名。所以,五味子是以其味命名的药材。

五味子之五味兼备,而酸独胜,用其收敛可止之性,止咳、止喘、止遗、止汗、止泻。人的成长过程犹如五味子,都要经历酸甜苦辣咸的过程,但只要坚持前行,总有甜的到来。引导学生注重对中药作用的传承创新和发展,在学习中积极思考,努力奋斗,把握好自己的人生方向,为中医药事业的发展贡献自己的力量。

二、教学设计与实施过程

本案例主要采用课堂讲授法、实物演示法、启发式教学法和互动式教学法

课堂采用这几种教学方法相结合,以学生为主体,教师为主导,营造一种良好、平等的教学环境。在课堂开始后先通过讲授法介绍木兰科植物的形态特征和分类情况,在介绍木兰科植物的代表药用植物五味子时,引入案例,并设置五味子为什么称为五味子,有什么功效等一些问题,开展课堂讨论,激发学生主动探索的兴趣,引导学生学习木兰科植物的形态特征和代表药用植物,了解中药五味子的五味与其功效,进一步学习中药的性味归经理论,拓展学生的中医药思维,传承中医药文化,培养学生的情怀,增加学生的课堂体验感。

三、教学效果

1. 教学目标达成度

(1)通过五味子果实类型的观察与学习,加深学生对聚合果结构特征的认识。

(2)通过让学生品尝五味子的果实,不仅有助于活跃课堂氛围,增加对五味子性味功效的认识,也能提升学生对实践出真知的体会,理解中药的形成发展过程,传承和发扬中医药文化。

2. 教师的反思　五味子是典型的以性味命名的中药材,通过学生的亲身体会,加深学生对五味子性味的理解和记忆,更好地渗透课程思政元素。

3. 学生的反馈　通过对五味子果实的学习后,能够认识聚合果,认识五味子,增加了学习的兴趣,激发了学习热情。

案例十三　桑科榕属——团结协作

一、案例

桑科榕属的植物如无花果、薜荔的花都属于隐头花序。花被包裹在肉质的花序轴内部,在外部是看不到花的。那它们是如何传粉、授粉受精的呢?隐头花序并不是完全封闭的,而是在顶部留有一个小口,来供小个子昆虫进出为其传粉。在长期的协同进化过程中,榕属植物的花进化出了不同功能的雄花、雌花、瘿花,而榕小蜂就成为为其专门传粉的昆虫。瘿花是专门为榕小蜂产卵所用,雌花为榕属植物自身结实所用,雄花用来产生花粉和为榕小蜂提供食物来源。雄花的营养物质除了少量用于培育雄花产生花粉外,大量却用在培育几千只榕小蜂上。这看似是植物的无谓牺牲、植物对小蜂家族的无偿奉献,其实是看似无偿却有偿。因为榕小蜂在取食的同时也在帮助薜荔传播花粉。要是没有榕小蜂为其传粉,薜荔将不能产生种子,因为没有其他昆虫可以替代这一工作。每年春季大量的雌小蜂争先恐后地去"自杀"——钻入雌花序,只传粉不产卵。对榕小蜂家族来说,这似乎也是一种无谓的牺牲、无偿的奉献,其实也不然。由于它的传粉,雌花序中结出了大量的种子,当这些种子若干年后长成了大树,榕小蜂的后代何愁找不到更多的栖息与繁育场所呢?动、植物间的这种"合则皆旺,分则皆亡"的共生关系,即是一种合作共赢的表现。

二、教学设计与实施过程

讲到被子植物门桑科时,首先介绍桑科植物的常见植物如桑、无花果、薜荔、构树等。让学生总结归纳这些植物的特征,进而总结出桑科的植物特征。重点指出桑科植物的花是隐头花序,果实为聚花果或隐头果。讲隐头果时,让学生讨论无花果、薜荔有没有花以及隐头果是如何形成的。

你有没有听说过,一种植物离不开它的寄生虫,失去了虫的寄生,植物就将无法传粉和结实,永远从地球上消失?你有没有听说过,全由植物哺育的这种寄生昆虫,似乎非常懂得"知恩图报",大部分的雌虫专为植物传粉效力,而它自己却怀着满腹的虫卵死去;另一部分的昆虫则得到寄主(树木)的营养与庇护,得以繁荣?

接着问,大家都吃过无花果吗?你们见到过无花果的花吗?这时,详细讲解无花果果实的来源。无花果为聚花果,也称为隐头果。我们食用的主要是它的肉质花序轴和里面的小瘦果。我们都知道果实是由花中某一部分或几部分发育而来的,那无花果的花在哪里呢,它又是如何进行传粉受精结实的呢?

在讲花序类型时了解到无花果的花为隐头花序,在长期的协同进化过程中已经进化出了担负特定功能的雄花、雌花和瘿花,和专门为其传粉的昆虫——榕小蜂。下面就以薛荔为例,详细介绍榕属植物花、果的结构特征。薛荔的雌花和瘿花来源相同,都属于雌花,只是功能发生了变化。瘿花为特化的雌花,它的花柱很短,与雌蜂产卵器的长度相当,雌蜂把一颗颗卵通过短花柱中间的通道送到子房内。这些卵孵化出的幼虫占据了瘿花的子房,植物就像哺育自己的孩子一样源源不断地向它们提供营养物质。被这些榕小蜂幼虫寄生的薛荔植株只有这种特化的瘿花和雄花,不再结实产生薛荔自己的种子,它整年的光合作用产物几乎全都奉献给了榕小蜂。在这里,植物为榕小蜂家族的繁衍作出了巨大的奉献。

那么,薛荔自身繁殖所需要的种子又从何来呢?有一些薛荔植株是雌性的,它的隐头花序中只有可结实的雌花,这些花的花柱很长,当榕小蜂钻进这样的花序后,由于产卵器太短,无法通过柱头、花柱向子房产卵,它在寻找瘿花的过程中,把身上的花粉传播到长长的花柱上,进行了传粉工作,使雌花序中5000余朵雌花都得到了花粉。"误入"雌花花序的榕小蜂出色地完成了传粉任务,也耗尽了体力,满腹怀卵,却死在花序内。对于这些小蜂来说,它们是以生命为代价对植物的繁荣兴旺做出了巨大的奉献。

榕属植物与榕小蜂双方分别以生命(小蜂的生命)和食物(榕树供应给榕小蜂的营养物)为代价支持对方的发展,在长期的协同进化过程中成了一对合作共赢的伙伴。它们不单从对方那里得到好处,还必须为对方做出巨大的回报,要是把两者分开,那么谁也活不下去,这就是动物和植物之间"合则皆旺,分则皆亡"的共生关系。只有协同合作,双方都可以长期地存活下去。

借此引导学生要处理好个人和集体的关系,只有团结协作,培育一个团结协作的集体,才能不断地出成果、出人才。

三、教学效果

1. 教学目标达成度

(1)通过讲述桑科榕属植物和榕小蜂之间的协同进化关系,培养学生在一个团队或集体中,具有一定的牺牲奉献精神,只有团结协作,才能合作共赢,才能收获更大的回报。

(2)通过讲述薛荔的果实类型、花与传粉昆虫之间的协同进化,让学生加深了对桑科榕属植物花果特征的认识。

2. 教师的反思 薛荔对北方的学生来说不太熟悉,教师讲授时可以选择学生较为熟悉的其它榕属植物为例,最好带着实物进行课堂,让学生直观地认识到自己吃的无花果、薛荔是如何形成的。

3. 学生的反馈 那我们吃的无花果里面是不是包含了很多虫卵?

案例十四 睡莲科——文化素养

一、案例

睡莲科植物为水生草本。根状茎横走,粗大。叶两型,出水叶心形或盾状。花单生,常大而美丽;两性,辐射对称,浮于或挺出水面;萼片3至多数;花瓣3至多数;子房上位或下位;心皮3至多数,离生或合生。坚果埋于海绵质花托内或为浆果状。

全球8属,约100种,广布全球;我国5属,13种;已知药用5属,8种;《中华人民共和国药典》收载7种中药材。代表药用植物有莲、芡实。

莲为多年生草本植物,叶片圆盾形,柄长,有刺毛。萼片4~5,早落;花瓣多数,粉红色或白色;雄蕊多数,离生。坚果椭圆形。各地均有栽培。莲是药用部位最多的植物,浑身是宝,全株有12味药。根茎的节部(藕节)能止血,消瘀;种子(莲子)能补脾止泻,止带,益肾涩精,养心安神;种子的幼叶及胚根(莲子心)能清心安神,涩精止血;花托(莲房)能化瘀止血;雄蕊(莲须)固肾涩精;叶片(荷叶)能清暑化湿。

莲花常作为一种文化符号,对东方文化产生深远的影响。莲花不仅经常出现在绘画和诗歌中,还广泛应用于建筑、家具和装饰品设计中。莲花的形象经久不衰,被当代艺术家广泛描绘,具有"出淤泥而不染,濯清涟而不妖"的纯洁、高尚的品质,延续了对纯洁和美的追求。此外,莲花的象征意义也深深影响人们的精神追求。在日常生活中,人们常将莲花与美好的品质联系在一起,如纯洁、善良、高尚和智慧。莲花的存在激发了人们对美和优雅的向往,激发了人们对纯净生活和内心修行的追求。

2、教学设计与实施过程

本案例主要采用课堂讲授法、情境教学法、启发式教学法和互动式教学法。

课堂采用这几种教学方法相结合,以学生为主体,教师为主导,营造一种良好、平等的教学环境。在课堂开始后先通过实物、视频或图片的方式展示莲的形态特征,引入本节课内容,接着结合图片或实物介绍莲科植物的形态特征和分类概况,在介绍莲科代表药用植物时,引入案例,并设置莲有哪些食用、药用价值、文化寓意等一些问题,展开课堂讨论,激发学生主动探索的兴趣,引导学生学习莲的形态特征和"出淤泥而不染,濯清涟而不妖"的纯洁、高尚的品质,了解有关莲的传统文化寓意和文化意象,进一步学习我国有关莲的优秀传统文化,拓展学生的思维,培养学生对莲之美的感受和感悟,陶冶学生的情操,增加学生的课堂体验感。

三、教学效果

1. 教学目标达成度

(1)通过学习莲的形态学特征,使学生掌握莲各器官的形态特征知识,进而掌握睡莲科的特征。

(2)通过莲在中国传统文化中象征意义的学习和展示,使学生体会到莲象征着纯洁、善良、高尚和智慧的品格,激发学生对美和优雅的向往,激发学生对纯净生活和内心修行的追求。不仅加深了学生对中国优秀传统文化的认识和了解,还提升了学生的文化素养。

2. 教师的反思　植物与人们的生活息息相关,在把药用植物学知识当做自然科学讲授的同时,也注重发挥有关植物传统文化的熏陶作用,不仅可以提高学生的学习兴趣,还能提高学生的人文素养和对中国传统文化的传承。

3. 学生的反馈　通过本次内容的学习,感受到莲的生物之美、文化之美,精神得到了陶冶,文化素养得到了提高,对药用植物学的兴趣更浓厚了。在湖边再见到莲这种植物时,可以说出莲的外部形态特征,还能从文化意义上感受莲的寓意。

案例十五 蔷薇科——文化传承、中医药思维

一、案例

蔷薇科植物为木本或草本,木本常具刺。单叶或复叶,常互生,具托叶。花序各样;花两性,整齐,常5数,雄蕊多数,花轴上端与花被和雄蕊愈合发育成一碟状、杯状、坛状或壶状的托杯或称被丝托、花托筒,萼片、花瓣和雄蕊均着生在托杯的边缘;花瓣和雄蕊均分离;心皮1至多数,分离或结合,子房上位或下位;花柱与心皮同数。蔷薇科植物果实类型多样,有核果、梨果、聚合蓇葖果、聚合核果或瘦果,其中悬钩子属的植物果实为聚合小核果。聚合果是由许多离生雌蕊而成的果实,每个雌蕊形成1个单果,聚生于同一花托上。

蔷薇科植物全球有124属,3300余种,广布全球,以北温带较多。我国51属,1100余种,全国均有分布;已知药用48属400余种。日常生活中常见的月季、玫瑰、樱花、桃、杏、李、苹果、山楂等都属于蔷薇科植物。蔷薇科植物多为草本或木本,根据花托、托杯、雌蕊心皮数目、子房位置和果实类型分为绣线菊亚科、蔷薇亚科、苹果亚科和梅亚科。

绣线菊亚科常为灌木,花粉红色或白色,如绣线菊常为园林绿化观赏植物。蔷薇亚科为灌木或草本,被丝托壶状或凸起,心皮多数,子房上位,周位花,聚合瘦果或小核果,如月季、玫瑰、龙芽草等,常作为花卉或药用。苹果亚科为灌木或乔木,心皮与被丝托内壁连合,子房下位,2～5室,果实为假果。如山楂、苹果、李子、枇杷等植物,常作为水果或绿化植物。梅亚科的植物子房上位,1心皮、1室,2胚珠,核果。如桃、杏、李、梅等植物花色多样,香味清新,除作为水果外,常作为观赏植物。

掌叶覆盆子(*Rubus chingii* Hu)属于蔷薇亚科悬钩子属植物,落叶灌木;叶掌状深裂,托叶条形,具重锯齿;聚合小核果球形,红色。果实(覆盆子)能益肾、固精缩尿、养肝明目。

最早发现覆盆子的是1800年前的东晋著名道教学家葛洪。据说,葛洪因过度操劳,竟得了"夜尿症"的毛病。于是他翻山越岭,尝百草,品野果,以求补益肝肾亏虚的仙道。某日葛洪行山间半山腰处,忽然发现带刺的枝头上有许多新生野果,长着手掌般的叶子,结着桑葚一般通红的果子。正是饥渴之际,于是葛洪就摘了些许吃。觉得这果子味甘性平,酸酸甜甜,便又采了许多回来,吃了之后发现自己的"夜尿症"日渐好转了。葛洪大喜,便采来许多小红果拿给一些百姓食用,发现这种小野果果然具有治疗"夜尿症"的功效。民间称道:"食用了这种小野果,晚上就可以把尿盆翻覆过来放置了。"非常形象有趣。

《本草经集注》载:"蓬藟是根名……覆盆子是实名,李云是莓子,乃似覆盆之形……"这里提到了"蓬藟"之名,蓬藟的记载可追溯到汉代的《神农本草经》。由此可

知,覆盆子记载最早实则是《神农本草经》。《名医别录》:"益气轻身,令发不白。"《药性本草》:"主男子肾精虚竭,阴痿能令坚长,女子食之有子。"《本草图解》:"起阳治痿,固精摄溺。强肾无燥热之偏,固精无凝涩之害。"

也许大家还听说过一种叫树莓的植物,它的果实被称为生命之果。其实树莓就是一种覆盆子,由其果实制成的果汁——树莓汁,现已成为河南省封丘县的特产。封丘县也被誉为中国树莓之乡,中国树莓的原产地。

通过介绍覆盆子名字的由来和使用的历程,让学生认识到中药的名称都是以其形态特征、功效等特征进行命名的,是长期不断实践的结果,引导学生注重对中药发展的传承与创新。在平时学习过程中也应积极思考,为中医药事业的发展贡献自己的力量。

二、教学设计与实施过程

本案例主要采用课堂讲授法、实物举例法、启发式教学法和互动式教学法。

课堂采用这几种教学方法相结合,以学生为主体,教师为主导,营造一种良好、平等的教学环境。在课堂开始后先通过课堂讲授介绍蔷薇科植物的一般形态特征和分类情况,在介绍蔷薇亚科的代表药用植物时,引入案例,并设置为什么称为覆盆子,被称为生命之果的植物是什么等一些问题,展开课堂讨论,激发学生主动探索的兴趣,引导学生学习蔷薇科植物的形态特征和各科代表药用植物,了解掌叶覆盆子的形态特征,进一步学习覆盆子名称的由来、释名文化,鼓励学生传承中医药文化,拓展学生的中医药思维,培养学生的情怀,增加学生的课堂体验感。

三、教学效果

1. 教学目标达成度

(1)通过对覆盆子果实类型的观察与学习,增加学生对聚合果的认识。

(2)通过学习覆盆子果实的发现传说与使用历史,了解中药的发展历史,传承与创新我国的中医药事业。

(3)通过介绍另外一种覆盆子植物——树莓的应用现状,激发学生的探索兴趣。

2. 教师的反思　覆盆子的用药历史是在长期应用过程中发展形成的,是中药形成历史的一个代表。传承与创新是中医药发展的重要过程,在历代都有体现,如何在较短的时间内,融入课程思政元素,需要授课过程中不断的尝试和创新。

3. 学生的反馈　学习本节内容后,能够认识聚合果,认识覆盆子,增加了学习的兴趣,激发了学习热情。

案例十六　玄参科——服务人民、无私奉献

一、案例

玄参科植物多为草本,少灌木或小乔木。叶互生或对生,少轮生;无托叶。总状或聚

伞花序;花两性,两侧对称,少辐射对称;萼4~5裂,宿存;花冠多少2唇裂,裂片4~5;2强雄蕊,生冠管上,少2或5;花盘环状或一侧退化;2心皮合生,子房上位,2室,中轴胎座,每室多胚珠;花柱顶生,宿存。蒴果,稀为浆果。种子多而细小。

全球约200属,3000种,分布于温带至热带地区,以非洲多样性最丰富。我国约60属,634种,以西南地区最丰富;已知药用45属,233种;代表药用植物有地黄、玄参等。

玄参科植物多为草本,如地黄、玄参等。在兰考县常见到的树木种类就是玄参科植物泡桐,是一种高大的落叶乔木。通过展示地黄和泡桐这两种植物的照片,让学生描述这两植物在外部形态上有何区别?逐步总结玄参科植物的特征。虽然这两种植物同为玄参科,外部形态特征差别很大,但二者的花相似,均为唇形花冠。

兰考县位于黄河东岸,地处九曲黄河最后一道弯,黄河在这里改道北流,留下一眼望不到头的黄河滩。在20世纪60年代,兰考饱受风沙、内涝、盐碱"三害"的困扰,导致兰考县成为当时河南省最穷的一个县。就在这样的条件下,焦裕禄同志被委派到兰考县任县委书记。焦裕禄同志上任以后,深入一线进行调研,历时475天,走访了全县120多个生产大队,终于摸清了兰考"三害"的形成机制,制定了防涝防沙的计划。根据兰考的自然状况,提出了"沙区没有林,有地不养人;有林就有粮,没林饿断肠"。在这样的背景下,玄参科的速生树种——泡桐被引种到兰考。

泡桐为高大落叶乔木,叶片大,具长柄。花为聚伞圆锥花序,花萼合生、肉质,唇形花冠大,紫色或白色。泡桐喜光,较耐阴,喜温暖气候,耐寒性不强,对黏重瘠薄土壤有较强适应性。幼年生长极快,是我国特产的一种速生树种。泡桐耐盐碱、耐贫瘠土壤的特性,正适合当时兰考黄河滩区的疏松、贫瘠土壤条件。在焦裕禄的带领下,泡桐被大面积推广种植。泡桐的引进,对兰考的防风固沙发挥了巨大作用。

前人栽树,后人乘凉。焦书记当年种下的泡桐树,已成为兰考人实实在在的"摇钱树"。因为泡桐树生长迅速,成材时间短,素有"一年像把伞,三年能锯板"之称,它是中国特产的速生优质树种之一。泡桐虽不是一种珍贵用材树种,但用途很多。泡桐可用来制作家具或建筑用材等。同时,泡桐木质疏松、不易变形,是制作民族乐器的好材料。所以,漫漫黄沙现已化为万亩良田,兰考的民族乐器产业和家具产业也得到培育壮大。一棵棵防风固沙的泡桐树,变成了当地人民的巨大财富。

遗憾的是,焦裕禄由于罹患肝癌,最终倒在了其热爱的土地上。当人们看到泡桐树就想起焦裕禄,正是他的求真务实,廉洁奉公,为群众办实事,肯吃苦的作风解决了困扰兰考的难题,赢得群众认可。人们为纪念焦裕禄同志,把一棵1963年焦裕禄亲手栽下的泡桐树亲切地称为"焦桐"。如今,这棵笔直挺立的泡桐树就立在兰考河南焦裕禄干部学院对面,每天都有人来学习。传承是最好的纪念,我们应传承和发扬焦裕禄求真务实、一心为百姓着想的"焦裕禄精神"。

二、教学设计与实施过程

本案例主要采用课堂讲授法、实物举例法、启发式教学法和互动式教学法。

课堂采用这几种教学方法相结合,以学生为主体,教师为主导,营造一种良好、平等的教学环境。在课堂开始后先通过讲授法介绍玄参科植物的一般特征和分类概况,继而介绍该科的代表药用植物种类,在介绍泡桐树时,引入案例,并设置见过泡桐吗,听说过焦裕禄吗,泡桐和焦裕禄有怎样的联系呢等一些问题,展开课堂讨论,激发学生主动探索的兴趣,引导学生学习玄参科植物的形态特征和代表药用植物,了解泡桐与兰考县、焦裕禄的联系,进一步学习焦裕禄亲民爱民、艰苦奋斗、迎难而上、科学求实、服务人民、无私奉献的"焦裕禄精神",拓展学生的思维,培养学生的爱国情怀,增加学生的课堂体验感.

三、教学效果

1. 教学目标达成度

(1)通过讲述时任兰考的县委书记焦裕禄为治理兰考的"三害"而引种泡桐的事例,加深学生对玄参科植物特征及泡桐生长特性的认识。

(2)通过讲述焦裕禄精神,增强学生学习焦裕禄精神的积极性,传承和发扬焦裕禄精神。

2. 教师的反思 学生大多听说过焦裕禄,但对焦裕禄具体做了什么,为老百姓带来了哪些实惠不清楚。所以,讲授时多列举一些例子,加深学生对焦裕禄精神的感触,才能起到较好的思政教育效果。

3. 学生的反馈 通过本节内容的学习,深刻体会了"焦裕禄精神"很受感触。"焦裕禄精神"值得我们当代青年人去传承和发扬。

案例十七 菊科——文化素养

一、案例

"采菊东篱下,悠然见南山"是我们所熟知的诗句,其中的菊即为菊花的一种。菊科植物多为草本,少灌木,稀乔木;有乳汁、树脂道或无。单叶或复叶,互生,少对生或轮生。头状花序外有1至数层总苞片组成的总苞,单生或排成各式花序;花序轴极度缩短成凸起或扁平的花序托,每花基部有1小苞片称托片,或毛状的托毛,或缺;花小,两性,稀单性或无性,萼片常冠毛状、刺毛状、鳞状或缺,宿存;花冠管状、舌状或假舌状(单性,先端3齿)、少2唇形或漏斗状;头状花序的小花同型(全管状花或舌状花)或异型(外围雌性或无性的舌状、假舌状或漏斗状花,称缘花,中央两性或无性的管状花,称盘花);雄蕊5,稀4,花丝分离,花药合生成管状环绕花柱(聚药雄蕊);2心皮合生,子房下位,1室,1基生胚珠,柱头2裂。果实连萼瘦果(又称菊果),顶端常有糙毛、羽状毛或鳞片状的冠毛。

全球约1000属,25000~30000种,占有花植物的1/10,是被子植物的第一大科;全球广布,以温带和亚热带种类较多。我国227属,2300余种,分布于南北各地;已知药用155属,778种,占国产菊科植物种类的1/3。菊科代表药用植物有菊、蒲公英、红花、苍术、牛蒡、青蒿、黄花蒿等。

菊科植物又根据其头状花序上小花花冠类型的不同分为管状花亚科和舌状花亚科。管状花亚科的植物体无乳汁,头状花序上小花全为管状花或缘花为舌状、盘花为管状。

管状花亚科的代表药用植物有菊、野菊、苍术、黄花蒿、茵陈等。下面就以我们所熟悉的菊为代表介绍管状花亚科的特征。

菊为菊属的一种多年生宿根草本植物。菊的植株全体被白色茸毛；头状花序，缘花为雌性的舌状花，盘花为两性的管状花，黄色。因菊具有很好的观赏和药用价值，在各地被广泛栽培。

菊的头状花序入药之后称为菊花，具有散风清热、平肝明目的作用。因产地、品种和加工方法的不同把菊花又分为浙江北部生产的"杭菊"，安徽亳州、滁州等地生产的"亳菊""滁菊""贡菊"，河南焦作栽培生产的"怀菊"。

菊花一般于每年的10月底11月初开花。所以，菊花历经风霜，依旧拥有着顽强的生命力，具有常人难以具有的高雅傲霜的品质。但是，我们现在是不是一年四季都可以看到开放的菊花？是如何调控的？可以课后查找关于花期调控的文献资料。

虽然现在菊花的栽培品种颜色多样，如红色、黄色、白色、紫色、绿色和复色等各种颜色，但传统菊花以黄色者居多，所以菊花又被称作"黄花"。古人认为中华民族的土地是黄色的，黄色在他们的眼中就是正直不屈、刚正不阿的象征，所以菊花也就寓意着正直，寓意着中华民族的品质是刚正不阿。

"采菊东篱下，悠然见南山"是我们所熟知的诗句，其中的菊即体现为菊花的一种。陶渊明这位隐士放弃了名和利而隐居山中，过上了清贫却又快乐的日子。所以菊花在后人眼中也是一种淡泊名利的象征。不要一味地追求荣华富贵，做一个简单快乐之人。另外，又因为菊花有延年益寿的功效，被誉为"十二客"（宋代张景修以十二种名花比作十二客）中的"寿客"。人们经常将其作为吉祥物等物品上的图案，表示富贵安康的意思。

菊花为开封市市花，每年10~11月都会举办菊花展。开封菊花品种多样、造型丰富，株型丰满匀称，花朵整齐、花色姹紫嫣红、花姿千姿百态，所以开封又被称为"菊城"。通过展示姹紫嫣红，千姿百态的菊花工艺品图片、绘画作品图片、书法作品图片，讲解推荐有关菊的诗词，菊带给学生美的享受和文化欣赏的共鸣，陶冶学生的情操，提高学生对菊之美的感受和文化寓意的感悟，培养学生文化修养。

3、教学设计与实施过程

本案例主要采用课堂讲授法、情境教学法、启发式教学法和互动式教学法。

课堂采用这几种教学方法相结合，以学生为主体，教师为主导，营造一种良好、平等的教学环境。在课堂开始后先通过古诗"采菊东篱下，悠然见南山"引入本节课所讲内容，接着用讲授法介绍菊科植物的形态特征和分类情况，在介绍菊科代表药用植物菊时，引入案例，并设置常见菊花有哪些，菊的寓意和传统文化意象是什么，菊花有哪些药用价值等一些问题，展开课堂讨论，激发学生主动探索的兴趣，引导学生学习菊科植物的形态特征，了解菊的优秀传统文化寓意，进一步学习菊高雅傲霜、刚正不阿、淡泊名利的品质，拓展学生的思维，提升学生的文化素养，增加学生的课堂体验感。

三、教学效果

1.教学目标达成度

(1)通过学习菊的形态学特征，使学生掌握菊各器官的外部形态学知识。

（2）通过介绍菊在中国传统文化中的象征意义，不仅提高学生的学习兴趣，还能让学生认识和了解菊包含的中国传统优秀文化，使学生体会菊花高雅傲霜、刚正不阿、淡泊名利的高尚品质，提升学生的文化修养。

2. 教师的反思　菊花在我国种植历史悠久，尤其开封的菊花声名远播。教师在讲授菊花时，适时地引入相关的诗句、事例等可以提高学生的学习兴趣，提升学生对我国优秀传统文化的传承及其人文素养。同时让学生思考，野生的或人工栽培的菊花只有在秋末开放，为什么在花卉市场一年四季都可以见到开放的菊花，提高学生发现问题和解决问题的能力。

3. 学生的反馈　通过本次内容的学习，不仅感受到菊的形态之美、文化之美，精神也得到了陶冶，文化素养得到了提高，增加对药用植物学探索的兴趣。再见到各种菊时，不仅可以描述菊各器官的外部形态特征，还能感受菊的美好和文化内涵。

案例十八 兰科——典雅高洁、淡泊名利

一、案例

兰科为单子叶植物纲，也是本门课程要学习的最后一个科。兰科是被子植物门的第二大科，仅居于菊科之后。全球有兰科植物约20000余种，但如此众多的兰科植物，大家见过兰科植物吗？为什么如此众多的兰科植物我们却不易见到，主要是因为它们主要分布于热带，在亚热带已不多见，温带就更少了。并且兰科植物多生活于森林之中，以附生为主。

虽然兰科植物种类多，但是常用药用种类仅有3种，就是我们所熟知的石斛、白及、天麻，这是为什么？由于这些药用植物的生长环境特殊，如天麻分布于秦岭以南，石斛主要分布于长江以南及西藏等地，白及主要分布于秦岭以南各地。兰科药用植物的野生资源已严重不足，特别是野生石斛几近灭绝，但人工栽培技术还不成熟，导致药材紧缺，这也是急需解决的问题。

以白及为代表介绍兰科植物的特征。通过展示白及植物的图片，介绍白及各部位的形态特征，再归纳兰科的植物特征。白及为陆生多年生草本植物，具块茎。花为总状花序顶生。花较大，花被片6枚，呈花瓣状，排列为内外2轮；外轮3枚称为萼片；内轮3枚，侧生2片大小相似称为花瓣，中央1片较大特化为唇瓣。唇瓣常绚丽多彩，且有各种附属物，具有极高的观赏价值。兰科植物的子房常扭转，雄蕊、花柱和柱头合生为合蕊柱，这也是兰科植物的显著特征。

虽然野生的兰科植物不常见，但人工栽培的兰花在花卉市场为常见花卉。为什么兰科植物深受人们喜爱呢，因为兰科植物具有丰富的文化内涵和寓意，常作为表达爱意、情感、祝福等的礼物。通过展示各种兰科植物的图片，带有兰的工艺品、绘画作品、书法作品等图片，引导学生欣赏兰花美丽的同时，融入有关兰花的传统文化知识，提高学生的学习兴趣，陶冶学生情操，提高学生对兰之美的感受和感悟。

兰花象征着典雅、高洁的品质，被称为花中君子，能给人一种翩翩君子的感觉。可将兰花送给敬仰的长辈，表达尊敬之情，也可将兰花摆放到书房中，起到美化环境的作用。此外兰花生长在幽静的山谷中，象征着淡泊名利的高贵品质，给人一种淡雅和高尚的感觉。可在老人过寿时，将兰花作为贺礼相送，表达崇拜之情。由于兰花对生长环境要求不高，在贫瘠的土壤中也能旺盛的生长，给人一种坚韧顽强的感觉，因此兰花象征着坚韧顽强的品质。所以，可将兰花送给正处在事业低谷期的朋友，希望对方振作精神，勇于面对困难。兰花象征着高尚的友情，寓意着友情千古不变。所以可将兰花作为生日礼物，送给要好的挚友或闺蜜，希望能够成为一辈子的朋友。也可在毕业季到来前，将兰花送给室友或同学，表达对友情的珍惜与怀念。

兰花还具有丰富的花语含义，兰花的花语是手足之情。如古代常用"义结金兰"来形容兄弟间的深厚情谊，代表兄弟同生死、同患难的感情。自古以来，兰花常被用来表达自己的爱情和心意，可以送给自己喜欢的人表达爱慕之情。兰花气节高雅，不华丽也不朴素，高贵大气，象征着中华民族柔中带刚、温柔也强劲的气质。因此在中国的传统文化中，兰花常常用来表达爱国之心。兰花的气质非凡，清新、高雅，让人看起来很舒服，常用来形容女子贤惠、漂亮、有才气，因此古人用"蕙质兰心"来形容女性的温柔贤惠，也可以形容淡泊名利的男子。

兰在中国传统文化中象征着高贵、典雅、坚贞不渝的个人品质。兰花是谦谦君子的代表，一直以来都是高尚人品的象征。自古以来中国人民爱兰、养兰、咏兰、画兰，古人曾有"观叶胜观花"的赞叹。借此培养学生像兰花一样"芝兰生于深谷，不以无人而不芳"的高雅情操，虽以草木为伍，但不与群芳争艳，不畏霜雪欺凌，坚忍不拔的刚毅品质。

二、教学设计与实施过程

本案例主要采用课堂讲授法、情境教学法、启发式教学法和互动式教学法。

课堂采用这几种教学方法相结合，以学生为主体，教师为主导，营造一种良好、平等的教学环境。在课堂开始后先通过兰科植物数量、分布情况引出本节所讲重点内容，接着以白及实物或图片为例，介绍兰科植物的形态特征和分类情况，在介绍兰科植物的形态特征时，引入案例，并设置兰科药用植物有哪些，兰科植物有哪些文化内涵等一些问题，展开课堂讨论，激发学生主动探索的兴趣，根据学生的发言，给予正向的反馈，引导学生学习兰科植物的形态特征和代表药用植物，了解兰花蕴含的传统文化，进一步学习兰科植物典雅高洁、淡泊名利的品质，拓展学生的思维，提升学生的文化修养，增加学生的课堂体验感。

三、教学效果

1. 教学目标达成度

(1) 通过以常用中药植物白及为例，使学生掌握兰科植物的形态特征。

(2) 通过融入兰蕴含的优秀传统文化，不仅提高学生的学习兴趣，还能培养学生典雅高洁、淡泊名利、坚韧顽强的高贵品质和文化素养。

2. 教师的反思　大多数学生对兰科植物不熟悉，也许只见到过观赏的兰科植物。教师在讲授时可以通过展示中药材或花卉的兰科植物实物或图片,加深学生对兰科植物形态特征、生长环境的认识,才能更好理解其蕴含的优秀传统文化寓意,才能达到较好的教学效果。

3. 学生的反馈　通过本次内容的学习,感受到兰科植物的形态之美,文化内涵之丰富,不仅精神得到了陶冶,也提高了自己的文化素养,增加了学习药用植物学的兴趣。

第十一章 药用植物野外实习

野外实习是药用植物学这门课程学习过程中的重要环节,是巩固和应用理论知识的实践环节,也是进行思政教育的好课堂。药用植物学的野外实习一般安排在理论课程结束后,到植被丰富、生境多样的山区进行,比如我校的药用植物学野外实习基地多为辉县的万仙山、栾川的龙峪湾、西峡的老界岭、洛阳的老君山和木札岭等地。实习是进行实践学习的好机会,需要理论联系实践,培养学生理论联系实践的能力。野外实习工作需要分组,以小组为单位来进行,培养学生团结合作、互帮互助的团队协作精神。野外实习的食宿条件相对较差,学生对饭菜口味有所抱怨,培养学生能吃苦、节约粮食、艰苦朴素的个人品格。野外山清水秀,不同的风俗人情,培养学生热爱大自然、热爱生活的情怀。野外实习过程中遇到珍稀的野生药用植物,培养学生的环保意识,担负起合理开发、利用、保护野生中药资源的专业责任感和社会使命感。根据实习基地的条件,充分挖掘其中蕴含的课程思政元素,如郭亮挂壁公路的愚公移山精神,提高学生的综合素养。

一、教学目标

1. 知识目标
(1)识别实习地区常见的药用植物。
(2)能正确描述植物的外部形态特征。
2. 能力目标
(1)具有利用工具书检索、鉴定植物种类的基本技能。
(2)具有正确采挖、压制植物蜡叶标本的基本技能。
(3)具有根据植物的生境判断其中药药性的能力。
3. 思政目标　树立正确的价值观,培养学生的家国情怀、科学精神、文化素养、中药思维,重视人文关怀、职业道德及个人品格的提升,建立学生的专业自豪感和社会使命感。

二、相关知识板块的思政元素分析

1. 法治意识(生态文明、环境保护)　野外山清水秀,培养学生热爱大自然、热爱生活的情怀。虽然野外药用植物的种类、生活习性、生境具有多样性,但随着景区开发、过度采挖等造成野生药用植物资源的逐年减少,生态环境遭到破坏。通过学习如何采挖,及保护生态环境多样性的重要性,培养学生的环保意识,担负起中药野生资源合理开发、利用、保护的专业责任感和社会使命感。

2. 人文关怀(拼搏精神)　根据野外实习基地的条件,充分挖掘其中蕴含的课程思政元素,如郭亮挂壁公路。郭亮挂壁公路的开凿是人与自然抗争成功的例子,堪称当代的愚公移山精神。通过介绍郭亮人与自然做斗争的事例,培养学生不怕困难、勇于挑战的拼搏精神,提高学生的综合素养。

3. 个人素养(乐于助人、勤奋刻苦、团结协作、艰苦朴素)　言传身教是最好的思政教育方式,而野外实习是老师进行言传身教的最好平台。野外实习过程中的突发情况很多,如突发的暴雨会导致道路被洪水冲断,需要老师和学生随机应变、团结协作、互帮互助才能顺利通过。面对突发情况,老师要起到榜样作用,以身作则,培养学生乐于助人、团结互助的品格。

野外实习工作需要分组,是以小组为单位来完成相关的学习任务,培养学生团结合作、互帮互助的团队协作精神。野外实习的食宿条件相对较差,培养学生能吃苦耐劳、节约粮食、艰苦朴素的个人品格。

案例一　乐于助人、艰苦朴素

一、案例

2023年,我们带领2021级中药班的学生在辉县万仙山实习的过程中,一名学生突感身体不适,呼吸困难、手脚冰凉、发麻。这名学生在其同学的陪伴下找到辅导员,讲述其自身的身体状况,辅导员和其他带队老师赶紧联系认识的医生进行咨询。经过多方咨询,最后判断该同学可能是由于其长时间待在密闭的环境中,造成二氧化碳或氧气缺乏造成的呼吸困难。但由于实习地点位于山里,离医院较远,加上该学生以往出现类似的症状后都是自行缓解的,综合考虑后决定让学生暂时自己调整一下。这时我们的一名带队老师就对学生的病情进行了详细的咨询,并根据自己的医学知识对该名学生进行手腕、手指等部位的按摩,很快该学生的手脚麻木和冰凉的症状缓解了很多。这名带队老师虽然不是医生,但能在特殊情况及时伸出援手,从这一点体现出老师对学生的无私关爱,乐于助人的品质,做到了言传身教。

在实习结束后回去的大巴车上,该学生又出现了呼吸困难、手脚冰凉、发麻的症状。这位带队老师不顾个人安危,蹲在车头的台阶处给该学生又进行了长时间的按摩,直至手脚发麻、冰凉的症状得到缓解,才重新坐回自己的座位上。通过这件事也提醒我们要爱惜自己的身体,感到不适时要及时就医,并寻求他人帮助。同时在别人需要帮助时,我们要勇于伸出援手,发扬助人为乐的高尚品格。

野外实习时,因为住宿条件有限,可能会安排几个人在一个间房,而不是标准的标间,导致洗澡、如厕比较拥挤,学生会有所抱怨。给学生讲清楚实习地的实际情况,讲明住宿的标准和要求,相信大多数学生都是理解的。不同实习地点住宿条件有差异,学生之间可能会相互攀比,这时可以给学生讲述自己学生时代的实习条件比现在差远了,连床都没有,还需要打地铺,但野外实习是最让人感到快乐和幸福的一段大学时光。野外实习期间的饭菜种类单调、肉少或不合口味,学生有浪费粮食的行为。同时,由于受场地所限,实习期间的学习环境较差,借此培养学生不怕困难、勤俭节约、吃苦耐劳的良好作风。

由于实习时间短,任务重,实习期间的学习是非常刻苦的,需要学生早上6点起床翻、压标本。培养学生不怕苦、不怕累的精神,尊敬师长,关心同学、乐于助人,发扬集体主义精神。

二、教学设计与实施过程

本案例主要通过视频、图片结合老师讲述的方式,进行互动式和启发式教学。

课堂或实习过程中采用多种教学方法相结合,以学生为主体,教师为主导,营造一种良好、平等的教学环境。在课堂开始后先通过自己以往实习过程亲身经历的一些事情,引入案例,发挥教师言传身教的榜样作用,培养学生乐于助人的品质。通过图片、视频等方式介绍实习期间的艰苦条件和逸闻趣事,激发学生对实习生活的向往,了解实习地点的食宿条件,培养学生吃苦耐劳、艰苦朴素的个人品格,拓展学生的思维,培养学生的情怀,增加学生的课堂体验感。

三、教学效果

1. 教学目标达成度

(1)通过向学生讲述自己亲身经历的事例,更容易激发学生帮助他人的品质。

(2)通过向学生讲述老师无私帮助学生的这种感人事迹,很好地发扬了教师言传身教的榜样带动作用,更好地激发学生乐于助人的品格。

(3)通过讲述实习期间地点的食宿条件,帮助学生很好地树立了艰苦朴素、吃苦耐劳的个人品格。

2. 教师的反思 结合自身经历过的事情,配合一些图片要比单纯的口述效果要好,因为事例中的人可能是自己的授课老师或熟悉的学长,对学生的感触较深,教师更容易讲生动,学生受到的感染力较强。

3. 学生的反馈 感触很深,老师这种言传身教的榜样带动效果很好,要学习和发扬老师这种乐于助人、无私奉献的高尚品格。

案例二 安全意识、团结互助

一、案例

药用植物学野外实习不仅是在野外进行的一项教学实践活动,又是一项集体活动,时间短,组织管理难度大,必须要求学生有严格的纪律和安全意识野外实习期间,要求学生必须遵循一定的实习管理准则,即一切行动听指挥;一切行动服从实习老师安排,不得擅自行动,有事外出需要向老师请假;严格执行作息制度,按时就寝,严禁赌博酗酒、打架斗殴,培养学生的纪律性。遵循安全第一的原则,不冒险,不擅自攀援或到危险的地方去,不随便采食野果,不在河道中游泳的安全意识。

野外实习的路程长,道路凶险。通过播放视频、图片结合教师讲述的方式,向学生介绍在野外实习过程中发生一些互帮互助的典型事迹。比如我校今年在万仙山实习的过程中,遇到了暴雨,导致平时干枯的河道被水流充满。在上山采药过程中,当经过了艰难的翻山越岭后,需要经过一条小河才能到达对面山脉。但这条平时干枯的小河却由于降雨而充满湍流的河水,如果想过河就得蹚水,有摔跤的危险。如果不过河就得原路返回,因为这是唯一一条通往对面山的小路。这时大家就坚持要蹚水过河。这时,小组中的2名男生自告奋勇要先探探路,看看水有多深,能否安全过河。这两名男生勇敢地做了先锋军,通过尝试,这2名男生先过了河,并在确保安全的情况下,协助小组的女同学和老师顺利过了河,到达了河对岸。像这种情况,在野外实习的过程中很常见。教师在讲述时,要强调安全的重要性,只有在确保安全的条件下才能采取下一步行动。通过这些案例培养学生的安全意识,提升学生之间的团队协作精神。

野外实习是以小组为单位,小组成员需要分工合作,分别负责记录、采集、压制标本、整理目录等工作,共同完成小组任务。每一个小组成员都要发挥自己的能力,团结协作才能更好地完成实习任务,培养学生的团结协作精神。

二、教学设计与实施过程

本案例主要采用教师讲授结合图片、视频等进行引导式和互动式教学。

课堂采用这几种教学方法相结合,以学生为主体,教师为主导,营造一种良好、平等的教学环境。课堂开始后先通过以往实习过程中的图片或视频,引入本节课内容,接着介绍实习过程中应遵循的规则,引入案例,并设置实习过程中遇到大雨怎么办,被虫蛇、马蜂、蚂蟥咬了之后怎么办等一些问题,展开课堂讨论,激发学生主动探索的兴趣,根据学生的发言,给予正向的反馈,引导学生树立安全意识。了解野外实习的任务和分工,进一步培养学生团结互助的协作精神和集体精神,拓展学生的思维,培养学生的情怀,增加学生的课堂体验感。

三、教学效果

1. 教学目标达成度

(1)通过讲述相关的事例,很好地起到了培养学生团结互助、团队协作精神的目的。

(2)通过相关案例的介绍,很好地提升了学生的安全意识。

2. 教师的反思 如何选取典型的事例,需要每位教师根据自己的亲身经历来进行,这样才能讲的生动,有启发意义,对学生感触较深,思政教育效果较好。

3. 学生的反馈 学生喜欢听或看这样的案例,因为这是发生在身边的事情,自己野外实习时,也可能会遇到这样的情况,应该怎么做,如何才能做得更好,给学生较多的教育和警示作用。

案例三 郭亮挂壁公路——拼搏精神

一、案例

在辉县万仙山野外实习的过程中,可以欣赏到大自然的鬼斧神工和人类智慧完美结合的产物——郭亮村的挂壁公路。郭亮的挂壁公路闻名于世界,有着"世界第九大奇迹"、"全球最奇特十八条公路"之一、"世界最险要十条路"之一的美誉。为让学生了解郭亮挂壁公路的建设历史,学习郭亮人的人定胜天的"愚公精神",与艰苦环境做斗争的拼搏精神。在通往郭亮洞的入口处,带队老师向学生介绍了郭亮村的由来、挂壁公路的开凿背景,使学生对郭亮洞充满了好奇与向往,对郭亮人充满了崇拜之情。

郭亮村最早是在西汉末年农民起义军郭亮在战败后为避难逃到这里的。郭亮村一面是绝壁悬崖,一面是高山。1972年以前,郭亮村村民们下山的唯一一条道路是一条仅容一人通过的,顺绝壁石缝凿出的一溜石窝,俗称"天梯"。没有道路,导致外面的物资进不来,村民种植的粮食、养殖的牲畜卖不出去,物资匮乏,生活非常困难。为改变这种贫穷的生活面貌,在当时村支书申明信的号召下,村民们下定决心,誓要打通一条通往外界的"生命通道"。

郭亮的挂壁公路,始建于1972年,于1977年通车。

开凿初期,包括村干部在内的13名共产党员组成了第一批开凿先锋队,组成了"十三壮士队",充分发挥了党员的先锋模范带头作用。后续村民分批参加,轮流开凿。在开凿期间,村民们自发卖掉了山羊、粮食,集资购买炸药和工具,不顾个人安危,心比铁坚,志比钢硬,光铁锤就打烂了4000个,徒手开凿出了这条长1250米的石洞公路,也称为"郭亮洞"。郭亮村的村民们用"洞一日不通,奋斗一日不息"信念,用不屈的信念、坚韧的力量和聪明的智慧,苦战5年,在悬崖峭壁上凿通了一条绝壁长廊,堪称"当代愚公精神",用热血让天堑变通途。

值得一提的是,在工程进行到最困难的第5个年头,辉县教育局的250名人民教师自带干粮、行李,鼎力相助,与郭亮人并肩作战,鏖战数月终使郭亮洞于1977年5月1日竣工通车。这些人民教师舍小家为大家,无私帮助的精神同样值得我们学习,值得我们点赞。

随后带队老师带领学生步行穿过这条绝壁长廊,让学生亲身感受这条神奇的郭亮洞。学生一边感叹郭亮人坚韧不屈的斗争精神,一边感叹大自然的美妙。走出洞口,又来到"十三壮士"之一的申明凯英雄的百年故居,进一步体会了郭亮人不屈不挠的拼搏精神。最后,带领学生来到了天梯,老师带领学生从天梯的入口处往下望,给学生讲关于天梯的故事,让学生亲身感受天梯的陡峭和郭亮人的不易。虽然现在的天梯被拓宽了许多,但这条悬崖上的羊肠小道仍然让我们感到恐惧,可见当时的村民下一次山是多么的不容易。最后在老师的带领下,又步行返回住宿地点,当天的行程超过10千米。

当天的学习结束后,每个学生都走了将近30000步,没有一个学生喊累。通过一边走一边讲解有关郭亮人的故事,培养学生吃苦耐劳的品质,增强学生克服困难的勇气,树立世上无难事只怕有心人的拼搏精神。

二、教学设计与实施过程

本案例主要采用现场教学法。

首先,向学生介绍有关郭亮挂壁公路的开凿背景、开凿历程,让学生了解郭亮村的挂壁公路是郭亮人为了打通与外界隔绝的困境,举全村之力,在克服重重困难的条件下,在悬崖峭壁上开凿出的一条生命通道。其次,带领学生一起穿过这条绝壁长廊,让学生亲身领略郭亮挂壁公路的险峻程度和开凿时的艰难。并带领学生到当年参与开凿的人的村庄去看看,询问有关开凿的历史,向他们致敬。最后,带领学生走到当时的天梯所在处,让学生领略郭亮人出行的不易,更能理解郭亮人为何要在如此艰难的条件下开凿这条生命之道,学习郭亮人与艰苦环境做斗争的勇气和拼搏精神及人定胜天的"现代愚公精神"。

三、教学效果

1. 教学目标达成度

(1) 增强了学生克服困难、敢与困难做斗争的勇气和信心。

(2) 培养了学生吃苦耐劳的品格。

(3) 提升了学生乐于助人的高贵品质。

(4) 通过对郭亮村挂壁公路的参观,使学生亲身领略大自然的奇特风光,激发学生热爱祖国、热爱大自然、热爱中医药事业的热情。

2. 教师的反思　由于是第一次开展这个主题的思政教育,讲解内容、整个流程准备的不是很充分,效果没有想象的好。有机会的话,完善讲解内容和流程,最好能让学生自己主动去体会郭亮人的当代愚公移山精神,效果可能会更好。

3. 学生的反馈　这样讲解很好,先让学生对郭亮人和郭亮洞有一个大概的了解,才能更好地理解当时简陋的条件和郭亮人坚韧不屈的奋斗精神。同时带队老师陪同学生一起穿过郭亮挂壁公路,不怕苦不怕累的精神也值得学生学习。

案例四　生态保护、专业责任

一、案例

通过在实习前的动员会上强调野生中药资源的保护政策和实习基地的珍稀药用植物种类,让学生有合理采挖的意识,不能遇到什么就采什么,而是要有选择性地进行科学采挖。到达实习地点之后,结合当地实际情况,介绍当地的中药资源概况,常见药用植物有哪些,珍稀药用植物有哪些,有哪些植被类群。然后介绍药用植物的合理采挖应注意什么,应采取何种方法。这时老师可以结合实例,比如黄精的采挖。

黄精为林下阴生、多年生草本植物,其入药部位为地下根状茎,根茎的节数表示其生长的年限。向学生讲述,如果当地的黄精资源比较丰富,可以适量采挖,因为只有采挖出来,学生才能更真实地观察黄精根茎的形态特征。如果当地的黄精野生资源比较匮乏,那就要采取少挖或挖大留小,满足教学需求就可以了,不能看到就挖,否则黄精的野生资源会逐年减少,逐渐加强学生的野生中药资源的保护意识。

在具体带队实习的过程中,遇到这些植物,给学生现场演示如何进行科学合理的采挖。适时地插入由于过度采挖造成野生中药资源稀少甚至灭绝的例子。如七叶一枝花,其根茎入药后就是我们所熟知的重楼。向学生讲述,七叶一枝花为百合科多年生草本植物,其根茎有较高的清热解毒、凉血消肿的药用价值,野生资源比较稀缺。在过去的几年,每年在比较偏僻的林下才能发现1~2株。但是由于其叶和花的外形比较独特,一旦被学生发现,学生就想采挖,导致这几年已难觅其踪。所以针对这种情况,让学生认识到中药野生资源保护的重要性,只有在合理的采挖下,才能保证年年有药材可挖,有植物可看。对于一些常见的,资源比较丰富的药用植物,我们在采挖时也要适度适量,比如对于木本植物,采集枝条来观察,尽量不要去挖根。如果只有少量个体的话,可以拍照进行观察,尽量不要采挖。让学生体会到每种植物都有自己的生存价值,都是与环境长期适应的结果,珍惜大自然的一草一木,尊重自然、敬畏自然、感悟自然。

在自然界中,每个物种都不会是一个孤立的有机个体,而是以种群、群落、生态系统的方式,生活在一定的空间和时间,具有自己的生态位。在一个生态系统中,各个物种不是杂乱无章的堆积,而是构成了一个有序的空间格局,他们之间相互依存、相互制约,构成一个生态系统。一旦打破生态系统的平衡,生物多样性会降低,将会影响他们的生态服务功能。培养学生保护植物多样性、保护生态环境的意识,提升学生的专业责任感。

药用植物学野外实习是药用植物学教学过程重要的一个环节,无论是形态还是分类部分的学习,脱离实物教学,教学效果将事倍功半。只有在认识植物的基础上才能学好药用植物学分类。通过为期两周的野外实践教学,不仅让学生认识一定的药用植物种类,掌握鉴定、采集植物的基本方法,还应在老师的指导下,认识到当地药用植物资源的分布现状和蕴藏量,进行合理采挖,培养学生的生态环保意识和专业责任感。

二、教学设计与实施过程

本案例主要采用讲述法、情境教学法或现场教学法、举例教学法和引导式教学法。

课堂采用这几种教学方法相结合,以学生为主体,教师为主导,营造一种良好、平等的教学环境。在课堂开始后先通过以往实习过程中的图片、视频等引出本节课内容,接着以实物举例的方式介绍科学合理采挖的方法,引入案例,并设置遇到一株珍稀药用植物应如何采挖,遇到木本药用植物如何采挖等一些问题,展开课堂讨论,激发学生主动探索的兴趣,根据学生的发言,给予正向的反馈,引导学生学习正确的采挖方法,了解当地野生药用植物的种类、分布、蕴藏量和栽培药用植物情况,进一步培养学生的资源保护意识和专业责任感,拓展学生的思维,培养学生的家国情怀,增加学生的课堂体验感。

三、教学效果

1. 教学目标达成度

(1)通过现场示范和讲解植物与环境的关系,提高了学生热爱大自然的情怀,提升学生尊重自然、敬畏自然的素养。

（2）通过讲解野外中药的采挖方法，加强了学生树立科学合理采挖的意识，激发学生合理开发利用和保护野生中药资源的专业责任感。

2. 教师的反思　一些珍稀的药用植物如七叶一枝花，学生没有见过，不知道有多珍贵，讲起来学生可能会体会不深，如果列举一些学生能看到或摸到的，由于过度采挖或使用不当造成的资源减少的例子，学生的体会可能会更深，对学生的教育启发意义更大。

3. 学生的反馈　还没有实习过，感触不深，但对中药资源保护有了一个初步认识，不能随意采挖药材。

案例五　热爱自然

一、案例

热爱大自然的情感培养可以贯穿在教师讲授药用植物学的整个教学过程中，包括药用植物学的显微构造、形态特征和分类学知识的学习。这里可以采用情景式教学方法融入热爱自然的人文素养。

在学习药用植物显微构造时，指出我们学习的内容是大自然的微观反映；在学习药用植物形态时，鼓励同学们到校园里，走进植物园、公园，观察自然生长的植物形态。一方面巩固理论知识，另一方面也引导学生热爱自然；在学习药用植物分类学的整个过程中，特别是在药用植物分类学的野外实践教学中，在学习药用植物，掌握药用植物科、属特征的同时，欣赏祖国的壮丽山河，能让学生敞开心胸、拥抱自然、热爱大自然，坚持崇尚文明、铸就美好，在志存高远中阔步前进，在涵养身心中敦品励行。

具体教学方法采用小组活动教学法，实践教学法。药用植物学是反映大自然的科学，老师在教授药用植物学、学生在学习药用植物学时，一定不能死板僵化、脱离实际，死记硬背，一定要理论联系实际，走入大自然当中，培养热爱自然的人文素养。在采集药用植物标本时，教育学生具有保护自然资源的意识，坚决不乱采滥挖；对木本植物，不采集根部，采挖草本植物，也注意保护生态环境，不造成水土流失，把热爱自然的情感落实到保护自然的行动上。

植物种类繁多，形态各异，生活在不同的环境中，是美妙大自然的重要组成部分。药用植物学野外实习是与大自然亲密接触，进行实践观察的学习过程。通过实践观察使学生身临其境地感知植物世界的奇妙，形象生动地学习各类植物的形态特点、生长环境和生活习性。在大自然中学习药用植物标本的采集、压制、鉴定和保存方法。通过与植物、大自然的亲密接触，激发学生对大自然的热爱之情，播下爱护植物、保护环境的种子。

二、教学设计与实施过程

本案例主要采用情景式教学法和引导式教学法。

课堂采用这两种教学方法相结合，以学生为主体，教师为主导，营造一种良好、平等的教学环境。在课堂开始后先通过播放实习基地的植被概况、资源保护情况,引出案例设置等一些问题,组织课堂讨论,激发学生主动探索的兴趣,根据学生的发言,给予正向的反馈,引导学生学习植物形态、结构、种类的多样性,拓展学生的思维,培养学生热爱大自然的情怀,增加学生的课堂体验感。

三、教学效果

1. 教学目标达成度

(1)通过学习药用植物学,掌握植物的显微构造、形态特征和分类学知识,增加有关自然的知识,培养学生热爱自然的人文素养。

(2)在学习药用植物学的具体实践中走进大自然,融入大自然,热爱大自然,陶冶情操,涵养身心。

(3)通过药用植物分类学野外实践教学中的生态文明教育,使学生把爱护自然,绿色环保内化为生活习惯。

2. 教师的反思　用什么方式使药用植物学教学生动有趣,引人入胜。教师自己要热爱植物,热爱自然,才能引导学生热爱植物,热爱自然,把药用植物学学习过程和学习成果带入生活中来,提高学生的生态文明修养,引导其保护自然,保护生态,保护环境。需要每个授课老师根据自己的经验,把热爱自然的情感贯穿到药用植物学教学的方方面面,达到润物细无声,教化育人,达到引导学生热爱自然的思政教育的效果。

3. 学生的反馈　学生通过药用植物学学习药用植物相关的显微构造、形态特征和分类学知识,在药用植物学学习过程中观察自然,认识自然,热爱自然,在学习和生活中养成生态文明观念,爱护自然,采用绿色环保的生活方式。

附录　课程思政教学改革经验做法

一、深入梳理、挖掘思政元素，完善教学大纲和教学设计

课程团队围绕药用植物学课程的教学目标，结合各专业人才培养目标，修订完善教学大纲，在知识目标、能力目标的基础上，增加课程思政目标，明确各章节的思政教学目标。在教学设计中，每一个章节都增设思政教学目标，对每一个章节所蕴含的思政元素进行深度梳理和挖掘。如药用植物学学科发展的历史、专业体系构建的文化背景、发展过程中的名人事迹、著名理论形成的过程、科学家们研究过程中所经历的艰难险阻等。将思政教育案例在教学过程中如何与专业知识点有机融合，以及每一个案例的实施过程和要达到的培养目标等写入教学设计中。同时，不断搜集各种生活中新出现的思政教学素材，如社会上的热点问题、相关领域的前沿进展、典型人物的典型事迹等，在教学的过程中不断补充新的思政元素，保持与时俱进。

二、构建线上线下混合式教学模式，拓展思政教育渠道

根据新时代互联网+教育的时代特征，课程教学团队在打造优质线下课程的基础上，积极利用网络教学资源，如精品课程、微课、慕课、短视频、虚拟仿真教研室等开展线上课程的建设。

为了进一步深化教育教学改革，着力推动课堂教学效果，强化以学生为中心和培养学生自主学习的教学理念，药用植物学课程采用线上线下混合式教学模式，在中国大学MOOC网上建设课程资源平台，同时利用课堂派等软件，将现代教育技术与教育教学深度融合。通过丰富的文本资料、图片资源、视频资源，学生可以不受时间、空间的限制，随时随地进行学习、讨论，充分调动学生自主学习的积极性，大大提高学生的学习效率。

通过构建线上线下混合教学模式，打破线下教学学时的局限性，借助线上的途径，补充更多的教学资源，实现教材内容的拓展，丰富教学内容，巧妙融入思政教育元素，拓展思政教育渠道，增强学生的自主学习能力。河南中医学大学2018年开展了药用植物学线上课程建设并投入使用，该线上教学资源为疫情防控期间我校学生对该课程的学习、复习巩固、测试等提供了极大便利。

另外,课程团队成员不但在线上、线下的理论课上有效融入思政元素,还对与药用植物学紧密相关的药用植物学实验和野外实习,根据相关实验和教学内容设计思政教学内容,把思政元素巧妙地融入实验实训教学中,达到润物细无声的效果。

三、加强教材建设,贯彻落实课程思政教育目标

本课程选用的教材在内容上就包含思政元素,方便学生在学习专业知识点时认识其蕴含的思政元素。课程团队成员作主编或参编多本《药用植物学》教材,编写过程中都适时融入思政元素,既增加了学生的学习兴趣,也贯彻落实教材的思政元素载体作用。通过教材这个特殊且非常有效的载体,使课程思政教育目标得到了有力贯彻落实。并建立典型的课程思政案例库。

四、积极进行教学改革,提升课程思政教学能力

课程团队成员包括多名专业授课教师,团队成员定时进行集体备课,积极进行教育教学改革研究与实践,积极进行各类课程思政项目的申报。通过教育教学改革研究与实践,课程团队教学能力不断提升,思政教育元素与专业课程有机融合的能力不断增强。力争实现药用植物学思政元素与中医药文化相结合,线上思政教学与线下思政教学相结合,理论教学思政与实验实训教学思政相结合,本门课程思政与相邻学科课程思政相结合,教师思政教育与学生思政教育相结合的教学体系。

五、积极与校内外同行交流,提升课程思政教学水平

课程团队成员积极与校内外同行进行学习交流,不断提升课程思政教育水平。积极参与各级组织主办的教学比赛。通过教学比赛不但能与同行进行交流,还能发现自己的不足,达到以赛促教、以赛促改的目的,提高教师的教学水平。努力培养一支教学效果优良、德才兼备的课程思政教学团队,为推进中医药学类专业课程思政建设,形成全员全过程全方位育人的新格局贡献力量。

六、积极改进授课方式

为了把沉默单向的课堂变成碰撞思想、启迪智慧的互动场所,让学生主动地、积极地参与教学过程。在教学过程中,进行线上线下混合式教学,学生先在线上进行相关知识点的预习和学习、测试、参与讨论,根据学生对线上资源的学习情况,再在课堂上进行重难点内容的讲解、小组讨论、答疑等活动。同时结合植物的自然物候规律,带实物进课堂,或到校园和药用植物园进行现场讲解,可以加深学生对理论知识的理解。每一个教学环节都鼓励学生充分参与,鼓励学生提出问题,同学之间相互讨论并解答。在每个教学环节中将思政教育元素通过画龙点睛式、专题嵌入式、隐性渗透式、讨论辨析式等方式巧妙地融入其中,激发学生的学习积极性,引领学生健康成长。

七、完善考核评价体系

本课程采取形成性考核和终结性考核相结合的方式进行,实行百分制,包括线上和

线下两部分。线上考核部分包括在中国大学 MOOC 平台、课堂派上的随堂测试、阶段性考试、线上讨论、视频观看等。线下考核包括平时作业的完成情况、终结性考试成绩等。通过全过程全方位，即时考核即时反馈的考核方式，及时引导学生调整学习状态，不仅能够对学生知识水平的掌握以及综合应用能力的培养进行及时监督和引导，而且能够有效激发学生的学习兴趣，提升学生学习的主动性。通过全面的考核可以反映出学生在学习过程中学习的主动性，课堂参与度，作业完成的情况，在小组合作过程中的动手能力，团体合作能力，分析问题解决问题的能力，批判性思维、中医药思维等，从不同的方面反映课程思政教学的效果。通过不断从教学方式、教学手段、融入内容、教学效果、学生反馈等方面发现的问题，有利于教师及时做出调整，充分发挥课程思政教育的功能。全方位调动学生积极性，形成教师与学生共同成长的教学机制。

参考文献

[1] 稻垣荣洋. 有趣的让人睡不着的植物[M]. 周唯,译. 北京:北京时代华文书局,2019.
[2] 王德群. 药用植物教学践行录[M]. 北京:科学出版社,2014.
[3] 刘艺. 走进神秘的植物家族[M]. 郑州:郑州大学出版社,2014.
[4] 亨利·戴维·梭罗. 种子的信仰[M]. 陈仪仁,译. 长沙:湖南文艺出版社,2019.
[5] 查莫维茨. 植物知道生命的答案[M]. 刘夙,译. 武汉:长江文艺出版社,2014.
[6] 林十之. 生命之美:奇异植物的生存智慧[M]. 长沙:湖南科学技术出版社,2019.
[7] 乔纳森·西尔弗顿. 种子的故事[M]. 徐嘉妍,译. 北京:商务印书馆,2014.
[8] 科洪·埃瓦尔德. 生命的四季:华德福学校的植物科[M]. 陈青,王勇,译. 天津:天津教育出版社,2013.
[9] 侯元凯. 植物的生命奇迹[M]. 郑州:大象出版社,2022.
[10] 郭庆梅. 课堂思政背景下药用植物学实验教学改革探究[J]. 卫生职业教育,2021,39(13):105-107.
[11] 严寒静,李嘉惠. 药用植物学野外实习评价方法和应用[J]. 教育教学论坛,2020(52):44-46.
[12] 辛海量,张磊,韩婷,等. 药用植物学课程思政教学的路径探讨[J]. 药学教育,2022,38(4):29-31.
[13] 倪梁红,赵志礼,吴靳荣. 药用植物学课程思政建设的探索与实践[J]. 中医药管理杂志,2020,28(22):34-36.
[14] 陈荣珠,陈育青,李珍,等. "三全育人"理念下药用植物学课程融入思政元素的教学实践[J]. 中医药管理杂志,2022,30(23):20-22.
[15] 郭庆梅. 课堂思政背景下药用植物学实验教学改革探究[J]. 卫生职业教育,2021,39(13):105-107.
[16] 黄秀珍. 高职药学《药用植物学》课培养学生实验能力的探索[J]. 海峡药学,2008,20(8):146-147.
[17] 程霞英,杨宗岐,吕洪飞,等. 优化药用植物学野外实习提升人才培养质量[J]. 教育教学论坛,2019,(38):31-32.

[18] 邢艳萍,赵容,许亮,等.中药学专业药用植物学野外实习特色与课程思政实践[J].中国中医药现代远程教育,2023,21(2):36-38.

[19] 谢晋,陈向涛.药用植物学黄山野外实习教学探讨[J].卫生职业教育,2021,39(22):119-121.

[20] 吴廷娟,谢小龙,罗晓铮,等.《药用植物学》实验实习过程中课程思政教学探索[J].中国医药导刊,2023,25(6):641-645.

[21] 吴廷娟,纪宝玉.药用植物学课程教学中融入思政元素的探讨[J].教育现代化,2020,7(102):179-181,186.

[22] 张宏伟,陈兴兴,刘传明,等.药用植物学课程思政元素的初步挖掘与整理[J].药学教育,2021,37(2):34-37.

[23] 朱芸,刘青广,廖凯,等.课程思政在药用植物学教学中的探索与实践[J].中医教育,2020,(3):67-69.

[24] 谢小龙,吴廷娟,张丽萍.药用植物学野外实习中存在问题及改革方案[J].教育现代化,2020,7(63):85-88.

[25] 钟金萍,冯祝婷,陈婷,等.高职中药学专业药用植物学课程思政教学初探[J].中国民族民间医药,2021,30(23):113-116.

[26] 张春荣,严寒静,张宏意,等.药用植物学融入课程思政案例浅析[J].卫生职业教育,2022,40(16):31-33.

[27] 陈月华,张建逵,尹海波,等.药用植物学野外实习课程思政建设探索[J].中国中医药现代远程教育,2023,21(8):173-175.